后浪

家的风格

如何让你的家比样板间更有格调

[美]埃米莉·亨德森 安杰林·博尔希奇 著
[美]大卫·蔡 摄影 沈慧芝 译

STYLED
Secrets for Arranging Rooms, from
Tabletops to Bookshelves
Emily Henderson with Angelin Borsics, Photographs by David Tsay

中国华侨出版社 · 北京

致我的读者和粉丝。互联网是个复杂神奇、了不起也令人激动的地方，我和千万人通过互联网建立起联系，他们见证了我在各方面的成长。

　　致我的父母。每个人都应该抓住一切机会，公开地向自己的父母表示感谢。

目　录

前言

你是否想过，为何你的房间看起来不像自己喜爱的杂志中的那些房间？无论如何布置，你还是感觉少了些什么。而这并不公平：你遵循了所有的规则来置办好看的家具。你试着将墙壁刷成自己在"Pinterest"（图片社交分享网站）上看到的颜色，甚至试着将书籍按颜色排列，但为什么屋子里的一切看起来既杂乱无章又平平无奇呢？

成为风格设计师

关于风格设计师，你应该知道：他们是杂志里那些华丽房间背后的"秘密武器"。每当一切准备就绪，他们便进来对陈设进行微调，把每一件家具、每一个摆设、每一只抱枕安放在最合适的位置。于是，吸引读者眼球的照片便能在之后被轻松捕获了。

这一切意味着：你也可以将屋子布置得符合杂志取景要求，即使你的照片最终只是被发布在了社交应用"Instagram"上。无须花费太多时间前往艺术院校求学，也不必耗费大把金钱去上设计课学习平衡与比例，只需翻开这本书，你便可以了解风格设计师的秘诀。

首先你需要知道的是：居家设计没有严格的规则，仅有无数的技巧与忠告。一旦你尝试过一些技巧并掌握了窍门，一切就都会变得简单——物品购置不再令人恼怒，改换装饰变得趣味横生，招待客人一下子成了你的第二天性。生活变得容易多了，而家居环境也开始与你的性格相匹配。最后，你可以大声告诉正在惊叹的客人："哦，那件旧东西吗？那是我刚刚从跳蚤市场淘来的，随手扔在那里了。"下面就跟着我学吧，你一定能获得信心，让自己的物什令人惊艳。

这不是一本装潢书，却会教你如何装饰

室内设计是我的职业起点。从照片拍摄到实景布置，我都会跑前跑后地忙碌着。我的目的不仅是获得肯定，更是让人惊艳。这听起来或许令人疲惫不堪，但我一如既往地热爱着自己的工作。后来，我在美国家园电视频道（Home & Garden Television，HGTV）找到一份工作，为《风格设计师

的秘密》（*Secrets from a Stylist*）这一节目担任主持人。为了帮助屋主将房间设计得符合自身风格，我首先要找出他们喜欢的具体装饰是什么（比如一个手提袋、一种抱枕图案等）。在这一过程中我意识到，相较于彻彻底底重新设计，根据屋主喜爱的装饰来设计屋子的风格是更为可行的方法。我的意思是，有谁不想从有趣的事情开始着手呢？这就像在餐前吃一份甜点一样。

风格设计师与一般室内设计师的设计理念迥异。室内设计师会花费较长时间有条不紊地设计客户的房间。他们也许会在装修厨房时将一面墙打掉，使其成为开放式厨房。在此期间，他们需要与建筑师密切合作，改变房子的结构。在做出决定前，他们要进行许多次讨论，从而使客户对新居表示满意。而作为风格设计师的我们却并不制定长期的计划，所以可以随时投入工作。我们跳过设计师专用的物品陈列室，自己进行物品购置。依靠直觉，我们会在跳蚤市场获得出乎意料的发现，也会在农贸市场买到好看的花。你也许会认为我们是装潢师。但与装潢师不同，风格设计师更倾向于利用已有的资源调整房间的细节，从而使它生机勃勃。

为了追求自然的乡村情调，我们也许会选择给沙发盖上一条毯子而不是重装座面，或者给窗户饰以细麻布而不是换掉窗帘。为了给房子加上自然的细节，我们也许会给花瓶插上新鲜枝条、找地方放上一本打开的书，或在长凳附近扔一双高跟鞋，使人感觉屋子里有人居住。"感觉"是这里的关键词；风格设计师更注重房间的感觉而非氛围，也更注重使房间看起来像是住着有意思的人。然而，我们也注重房间的功用，特别是它是不是一个可供你每天使用的空间。

从风格设计师的视角装饰房间时，你无须再为有可能把事情弄糟而觉得紧张或害怕。放点喜欢的音乐并轻松地着手布置：整理物品，把物品摆放在不同的地方，直至你觉得布置使自己满意或令客人觉得有趣为止。你可以给自己一点儿时间来思考是否要重新布置咖啡桌。你有时候还是更喜欢它原先的摆放样子，不是吗？也许你只需重新简单布置一下咖啡桌——移走那些堆叠的信件和杂志，放上一个装饰盒、一个漂亮的托盘和几本艺术书。后退一步细细观察已有的陈设，你就会知道什么是你的房间所需要的。

接着，你将各处小场景合在一起，营造出了使屋子整体一新的感觉。于是，当邻居出现在你家门口时，你忍不住将门开得大了一些，不必对此感到惊讶。也许，你甚至会准备晚宴并发出邀请，找各种借口让人看看你屋子里的布置。

定制房间风格的最好办法就是知道你追求的是什么。如何知道你想要什么呢？你可以在别处巧妙地获取灵感。比如，从杂志、电视、书籍等各处寻求想法，并尝试把它们运用在你自己的空间里。你很幸运，这本书会告诉你如何做才是对的。

如何使用此书

你也许不会对此感到惊讶，要知道风格设计是我最喜欢做的事情之一，而我写这本书的最大目的是帮你解构风格设计的步骤。属于你的风格可能是单一的，也可能是多元的。而了解自己的风格是布置你日夜居住的房间的基础，但这只是起步。接着，你需要知道如何按照不同的层次摆放物件，使它们看起来被布置得漫不经心却又与房间浑然一体。

在"风格设计师的工具箱"这一部分的第 1 章中，你将完成一个有趣的测试来给自己的风格命名，以便在购置物品时增添信心，并了解自己喜欢什么样的房间。在第 2 章，你会学到风格设计师常用的一套行话（包括"小场景""对比"和"平衡"）以及这些行话是如何应用在房间风格设计中的。学到这里，我知道你们会想："好吧，埃米莉，我们什么时候能亲力亲为设计屋子呢？"在第 3 章，你将循着十个简易的步骤，完完整整地对房间进行风格设计。

听起来很有趣吧？在本书的第二部分，更加吸引人的内容正等待着你。一个又一个房间、使人垂涎的绚丽图片和简易步骤会带你走上风格设计之路。事实上，我在这一部分梳理出了放置每一个花瓶、每一条折叠毯和每一只花纹抱枕的思维过程。该部分揭示了许多拍照技巧，细致地告诉你如何用相机捕获小场景或房间照片（例如，如何利用细节使房间溢满生活情趣）。最后，在"风格设计师笔记"这一部分中，我为你提供了圈内人如何在跳蚤市场购物的信息、我使用的一系列涂料颜色、一些 DIY 小技巧，以及我最喜欢的资源（这些资料可以帮助你像我一样购物）。

我的口头禅是"风格设计与实践就是每日功课"。我希望你也喜欢上在自己的房间里这样做。你不仅将拥有宜人的房间，惹人艳羡，也将拥有一个完全符合自己风格的居室。（如果你再也不想踏出这间房，请不必觉得惊讶。）

风格设计师的
工具箱

第 01 章

给你的
风格命名

在对你的空间进行风格设计之前，
你需要知道自己喜欢的是什么。

在了解你的风格之前装饰你的房间，就如同在没有地址、方向或导航的情况下去一处僻静的小木屋旅行。当然，你也许最终会到达目的地，但往往需要经历十分可怕的事情。通常而言，你会中途放弃。

我花了许多年才弄清自己的风格。没有向导的我曾花了许多时间和精力，失败地购置了各种奇奇怪怪的雕塑，并把它们杂七杂八地搁在架子上。曾经，我走进我的公寓时喜欢所见的一切，但直到领悟出自己的风格，我才感觉我的家真正属于我。让我来帮你免去一切麻烦，让你不必经历一个像这样漫长又痛苦的过程。用我的经历做你的警醒故事。欢迎你。

为什么要给你的风格命名？

在这个章节，我们将花一些时间给你的风格找到形容词。你将知道如何给自己的风格命名，从而成为风格的拥有者。为什么你的风格那么重要？为什么你要花时间分析自己喜欢什么、不喜欢什么？为什么你要弄明白自己属于中世纪风格还是极简风格？"这些，"我听到你叫道，"与真正的空间设计又有什么关系呢？"

理由 1：你的家会突然让你觉得超级舒服

你是否注意到，最快乐的小狗最终会看起来像它们的主人？事实上，你的屋子最终也应与你有相似之处。与你自身性格相符的家居风格会产生某种魔力。你的房间开始"苏醒"，而你期望坐在沙发上或躺在床上——并不是因为精疲力竭，而是因为仅仅望着这间屋子并不能满足你。你将处在有生以来最舒服的状态——有如在 25 度的天气里脱了衣服，感觉不到来自环境的压力一样。

理由 2：你将成为购物专家

让我们花片刻时间，来谈一谈家中的物品。当今社会，广告盛行。你刚刚还觉得买到了自己最想要的东西，便又看到了一张高档天鹅绒时尚沙发。你想道："我怎么能再忍受一天没有那张沙发的日子呢？"于是，你便将这张沙发买回了家。然而，这张沙发却与你家中的工业水管复古风咖啡桌、粗皮软垫凳以及上世纪 70 年代的粗绒小毛毯格格不入。你新买的沙发不仅没有使你的房间看起来富有魅力，还有点像一个不合适的廉价旧货店垃圾。真是"太棒了"。

在跳蚤市场，你总能在最后找到一块"钻石原石"。也许，它会让你的起居室一下子生色起来；又或许，它会完全破坏起居室的美感。关键在于：没有人像你一样在意是否要购买它的这个决定——你才是那个决定要讨价还价，还是一走了之的人。来到跳蚤市场（这里被认为是聚集了 5000 个"一生仅有一次的机会"），无论是决心购买还是决定放弃眼前的物品继续逛下去，都是非常困难的。你不想乱花钱把一切弄得一团糟，但你也不想在之后后悔，心里想着："如果我买下那个汤姆·赛立克（Tom Selleck，美国演员）在拍摄《夏威夷神探》（*Magnum, P. I.*）时用到的巨幅油画并把它挂在我的床头，一切都会更好。"也许你不像我这样戏剧化，

但零售遗憾可以带来暂时性的沮丧，只有新的购买体验才能治愈它。因此，犹豫不决的购物习惯既可怕又昂贵。

一旦你理解了自己的家居风格，你不会再几番犹豫，于是购物容易多了。你在浏览"Craigslist"网站[1]的分类广告和家居品牌"Crate & Barrel"的家居产品时变得有信心了，也有了一定的见解。当你有了"我的天，这是我最想要的沙发"的购买欲望时，你会知道如何应对。即使你离家 160 公里、手头没有房间的照片也是一样。你好，购物奇才；再见，买错东西的懊恼感。让我们期待那张华丽的沙发是合适的吧。

（在本书第 27 页，你将了解到自己的家居风格是什么。）

三思而后买

舒适是家居设计中最重要的，风格紧随其后排在第二位。但是，请不要随意地用风格家居物件填满你的空间。这样做只会使屋子看起来混乱——相信我，我已经试过了。首先，你要找出贯穿屋子空间设计的基本主题。接着，问问自己可否不买刚刚发现的那样极好的家居物件（这不仅指物件功能——你的屋子需要漂亮的东西）。如果答案是绝对不行，那么就把这个物件带回家，放在它应得的位置上。如果答案是可以不买，那么就放下这个物件继续逛吧。你会和其他的心爱之物不期而遇。

---

[1] "Craigslist"为美国大型免费分类广告网站，上面可以找到各类招租、求职广告，以及二手家具的信息等。——译者注

理由 3：你将能够闭着眼睛布置房间

如果你和大多数人一样，那么你可能已积累了许多不知道该如何处理的物什。其中的一些也许能帮你尝试新的风格设计技巧——其他的也许就不那么有用了。

一旦开始对自己的空间进行风格设计，你将需要在某个时刻简化陈设，把某几个家居物品移去。如何知道你以后不会为把东西扔出去而感到后悔呢？通过运用新学到的风格设计相关知识，你将更客观地看待每件家居物品。

gestalten **I am Dandy** THE RETURN OF
the Elegant Gentleman

ΛΝΘΙΛΝΙ London Youth – Derek Ridgers

ANGELETTI IN
OLIVA **VOGUE**

JOHN FITZGERALD KENNEDY
A Life in Pictures

Saul Bass Jennifer Bass & Pat Kirkham

STEVEN GAMBREL

VANITY FAIR'S HOLLYWOOD

HEATH CERAMICS

FIGHTER. The Fighters of the UFC REED KRAKOFF

KELLY HOPPEN HOME

FORNASETTI DESIGNER
OF DREAMS

BILL VIOLA

INDUSTRIAL CHIC GUILLEUX AND HAMANI

Rodney Graham: a little thought

嘿……
看看你的衣柜

为了准确找到你的家居风格，最简单的办法是看看你的衣柜里挂了什么。对整间屋子进行风格设计的灵感可以来自最能代表你风格的服饰。这并不是一个万无一失的装饰方法——你不应像改换服装风格似的频繁重新装饰房间——但这是一个找出自己风格偏好的绝佳方法。因此，如果你在自己的衣柜中发现了：

- 灰褐色、咖啡色、奶白色、米黄色为主：不要花钱买一款暖色系的粉红色沙发，也不要把主题墙的颜色刷成柠檬黄。

- 大量复古服饰：花时间逛逛你购置衣物时最喜欢的跳蚤市场，在那里买所需家具。

- 一系列皮夹克和破洞牛仔裤：不要购买传统型的植绒布沙发，去找找更小众的硬质沙发。

- 许多定制的紧身衣物、礼服衬衫或者蝶形领结（不仅仅用于工作）：在家居设计中，你大概应该更多地选择"传统"视角。

- 多条相同的裤子：你喜欢熟悉感和舒适感。在家居设计时，你应以实用舒适为原则。例如，你可以在室内布置又大又舒适的沙发和一个可以把脚放在上面的咖啡桌。

- 又长又飘逸的嬉皮裙装：理所当然，你不应该挑选薄款硬质沙发。你是一个追求安乐休闲的人，需要购买能满足自己闲时需求的沙发。

你确实拥有自己的风格

也许你拥有多重风格，不知道从何说起。又或许，你觉得自己根本没有什么所谓的风格。但是请你放心：

- 任何几种不同的风格都可以彼此组合得很不错。
- 只要你有自己的个性，你就有风格。即便你对风格漫不经心，这种态度也仍是你的风格。

我们都会受到多种风格的影响，所以准确了解我们的屋子应该是怎样的风格（或混合风格）非常困难。如果你仍然不能确定，不妨参考一个局外人的见解：和一个亲密的朋友一起购物，让对方为你挑选一双迎合你风格的鞋子。请朋友解释一下这样选择的原因，并带着这个答案往家走。这双鞋子是帆布的还是休闲的，是学院风乐福鞋还是漂亮的高跟鞋？请你的朋友再为你挑选一双鞋子并说明理由。你也许会找到继续寻找自己风格的信心。

大胆尝试

不要为做出新的尝试或走出自身舒适区而觉得后悔。我允许我的屋子成为各式风格的实验室，允许它在各种风格之间切换。有时候，我的风格冒险变成了完全的风格灾难。例如，我曾经把我的客房刷成荧光绿双色调，我只喜欢了这样的布置三天，然后就意识到自己其实讨厌这色调。然而，许多冒险尝试取得了很大的成功。除此之外，我总是在最后获得了乐趣。

无须选择

我曾经爱上过许多种不同的风格。幸运的是，我已经学会了用这些风格布置我的家，使它像一个"大家庭"。来到我的屋子，你将看到我"狂热的英格兰祖母"（一个复古花枕头）；我的"中世纪丹麦大叔"（那张条纹皮沙发）；我的"70年代棕榈泉爸爸"（一套复古黄铜器）；我的"维多利亚公主姐妹"（我所有的华丽地毯）；我那"好莱坞摄政装饰风格、喜欢中国式家具的母亲"（卧室里的梳妆台）；我"经典的初期美式兄弟"（一个简单的木质大衣橱）；以及我"喜欢去摩洛哥集市的继姐妹"（我所有古怪的蒲团）。这仅仅是我的"直系家庭成员"。

我始终在迎接新的风格，与之相遇并将其与其他风格相融合。最开始，这些风格间存在少许不合的紧张感。（是因为嫉妒吗？或者更严重的情绪吗？）但最终这些风格学着彼此相处，尽管它们不是始终需要保持相同。如同一般家庭，一些姐妹会比另外一些更吵闹，部分表亲造访的频率还比不上另一些亲戚的一半高。我也许可以接受十种不同的风格，但我其实是一个特例，经常会轮换房间里的摆设和装饰。许多人会被两到三种风格所吸引，而这些核心风格正是你需要去发现、接受、混合并强调的。

风格测试

在与客户开展合作时，我首先会找出他们的确切风格是什么。为此，我常常会像玩游戏一样问他们一系列简单的问题——我把这叫作"我的风格诊断"。在《风格设计师的秘密》这一节目中，我真正开始使用这种诊断。我总是在节目的开头问两位屋主，他们最喜欢的摆设和梦想中的扶手椅是什么样子。接着，我会给他们的屋子贴一个非常具体的性格标签，诸如"性感非洲魅力"或"现代轻松浪漫"等。这个过程不但有趣，而且决定了整集节目的发展方向，也为我购置家居用品提供了参考。

寻找你的家居风格不像决定车子是使用优质无铅汽油还是常规无铅汽油那样简单。你的风格如同你的性格，纷繁而复杂，具有许多彼此冲突的元素。然而，由于我们对自己太过熟悉，所以有时候需要他人提供一个外部的视角，帮我们找到自己想要的风格（这个人可以是设计专家或者其他任何人）。为此，我在此书中改进了我的风格诊断方法。本书将帮你解码自己传送给世界的线索，但这只是第一步。没有哪个单方面的测试能全面解读人的性格（对不起啦，"BuzzFeed"网站[①]的粉丝们）。

下面是我为你构思的风格诊断。不要让这些结果将你困在一种风格中；相反，要让这些风格成为你发现自己性格中那些出色、有趣但曾被忽略之处的起点。不要只做一次这个测试，做 5 次或 6 次吧。此外，应该每 6 个月做一次测试。让风格诊断帮助你发现自己的风格是如何变化的。一旦明确了自己的个人混合风格，你可以按照《风格设计师的秘密》中的方式给它取一个疯狂、多元的名字。例如，将其时髦地命名为"现代家庭与唐顿庄园的相遇"，使它成为你独特的风格吧。接着，请记得发布一张你新布置房间的照片到 Instagram 上。

测试指南

- 告诉你的老板你食物中毒了，需要在家休养。同时，给你的孩子找一个看护。这对你风格设计的未来非常重要。
- 和朋友们一起完成这个测试，前提是你们都抱着认真的态度。
- 拿一个笔记本、一支笔和一把椅子，来到一个安静的空间。
- 回答测试题，记录你的回答，然后找到符合自身的风格。
- 花几分钟时间，滔滔不绝地说说你自己（此时不需要加以判断）。
- 压轴戏？翻到第 47 页看看我的风格轮盘。这个轮盘就像一个颜色轮盘，能帮助你找到与自己性格匹配的风格，使你可以对各种风格进行混搭，直至满意为止。

---

① "BuzzFeed" 为美国的新闻聚合网站，时而发布一些在线测试，了解被调查者的个性、知识、意见等。——译者注

27

家居风格测试

在开始作答之前，请先回答以下两个问题：

你更喜欢有装饰性曲线的家具，而不是精简的直线风格家具：

a. 是

b. 否

你喜欢在你的书架上放很多的物件、书籍和摆设：

a. 是

b. 否

如果以上两个问题，你的回答都是肯定的，请回答问题 11 到问题 20。如果以上任意一个问题，你的回答是否定的，请回答问题 1 到问题 10。

问题 1～10：如果你的回答是 A，计 1 分；如果你的回答是 B，计 2 分；如果你的回答是 C，计 3 分；如果你的回答是 D，计 4 分；依次类推。请计算你的总分并翻至 32~46 页查看结果。

1 你下班回家后做的第一件事是：

a. 给自己倒一杯热茶，一边蜷曲身体躺在炉火旁的手织白色抱枕上，一边浏览关于街头时尚的博客。

b. 将你的海尔姆特·朗（Helmut Lang）牌外套整齐地挂在衣橱里，把钥匙和太阳眼镜放在门口的小桌里。打开邦·奥陆芬（Bang Olufsen）牌的音响，放一首电子爵士乐。

c. 回家？你更愿意去参加美术馆的开馆仪式，然后在午夜时和朋友去喝鸡尾酒。

d. 脱下你的鞋，点上几根蜡烛，通过冥想放松下来。

e. 穿上你的家居拖鞋，给自己倒一杯加冰块的威士忌，打开最新一期的《纽约时报》（New York Times）。

f. 把你的古董自行车挂在壁钩上，继续用在跳蚤市场最新淘到的宝贝装饰你的可再生木质书架。

2 在跳蚤市场，这样东西会吸引你的眼球：

a. 一张手织挂毯。

b. 一幅超大的黑白图案画。

c. 璐彩特（Lucite）牌的亚克力堆叠盒。

d. 古典毛笔。

e. 一张著名家居设计师沃伦·普拉特纳（Warren Platner）设计的小坐凳。

f. 年代久远的无线电真空管。

3 你家举行的派对可能是这样的：

a. 有家人和许多朋友前来，喝几杯伏特加，品尝一系列甜点，然后大家一起去迪斯科舞厅。

b. 几位客人共同享用由你新开了一家餐厅的朋友精心烹制的菜肴。

c. 一些朋友享用着清淡的开胃菜，欣赏你最近在忙的一件新艺术作品。

d. 只有被放在竹盘上的最好的新鲜寿司和一份用于搭配的茉莉绿茶。

e. 一个鸡尾酒会，摆放了上好的烈性酒、雪茄，邀请了许多衣着鲜亮的俊男靓女。

f. 你阁楼上的派对向任何携带啤酒来参加的人打开大门，而你做 DJ 的朋友为大家放唱片。

4 你在住所中最喜欢的座位是这样的：

a. 从祖母那里继承的叉骨椅。自从你在椅子上放了一个毛皮抱枕，这便成了一个快乐的地方。

b. 沐浴在阳光中的餐桌一角——早晨的阳光正好穿透落地式大玻璃窗，完美地温暖了这个空间。

c. "现代建筑的旗手"勒·柯布西耶（Le Corbusier）设计的黑色皮椅。你始终喜欢这把皮椅，从不会对其明快的线条感到厌倦。

d. 院子里的柚木躺椅——锦鲤在池中游来游去，这是绝佳的观赏之地。

e. 你喜欢在长长一天的工作之后，躺在设计大师查尔斯·伊姆斯（Charles Eames）设计的躺椅上，把脚搁在软垫搁脚凳上。这里是踢掉鞋子，看一本好书的完美地方。

f. 古典建筑师风格的酒吧高脚凳。无论何时，只要你坐在那里，就禁不住想起多年以来喜欢这张凳子的不同的人。

5 你喜欢在这里购买家居用品：

a. 宜家（Ikea）。

b. 我的家居用品已经足够多了。

c. 最近的现代艺术博物馆中的商店。

d. 你最喜欢的日本商店——无印良品（Muji）。

e. 用现有的家居用品进行设计。

f. 布鲁克林跳蚤市场。

6 你有生之年想居住在哪两种颜色的环境中？

a. 蓝色和白色。

b. 白色和黑色。

c. 石板蓝和酒红色。

d. 苔绿色和灰褐色。

e. 淡黄绿色和淡桃粉色。

f. 石青色和铁褐色。

7 你的书架上最可能显眼地放着：

a. 一套红木烛台收藏。

b. 我喜欢干净的空间，不放置杂物。

c. 一个手工吹制的玻璃容器。

d. 一个来自西藏的铜磬。

e. 一个柚木托盘。

f. 曾祖父的打字机。

8 你希望生活在这个城市：

a. 斯德哥尔摩。

b. 东京。

c. 米兰。

d. 泰国。

e. 棕榈泉。

f. 纽约。

9 在上床睡觉之前，你最喜欢做的事情是：

a. 蜷在火边。

b. 看平板电脑。

c. 在大屏幕上刷剧，看在线影片租赁商"Netflix"上最新的电影。

d. 通过冥想放松。

e. 抽一支雪茄或喝一点苏格兰威士忌。

f. 做些修修补补的活。

10 你的着装有些类似：

a. 一件简单的 A 字裙——显然是有口袋供使用的。

b. 规整的，经典的，令人印象深刻的。

c. 一件不怎么引人眼球的衣服：合身简单、中规中矩。

d. 任何亚麻织物——舒适的、自然的、柔软的、飘逸的。

e. 具有标志性的、性感的衣物，配以复古胸针，给人"过来和我聊聊"的感觉。

f. 你不喜欢打扮，但你喜欢让自己看起来很酷：紧身牛仔裤、灰色 T 恤、干邑白兰地色调的复古机车夹克。

如果 28 页的两个问题，你的回答都是肯定的，请从此处开始回答。

问题 11 ~ 20：如果你的回答是 A，计 6 分；如果你的回答是 B，计 7 分；如果你的回答是 C，计 8 分；如果你的回答是 D，计 9 分；依次类推。请计算你的总分并翻至 32~46 页查看结果。

---

11 你心中理想的交通工具是：

a. 经修复的 1951 年福特（Ford）卡车。

b. 为什么要交通工具呢？你只需要搭个便车就能自如穿行了。

c. 用于自驾游的 20 世纪 70 年代的大众（Volkswagen）小巴士。

d. 配有司机的劳斯莱斯（Rolls-Royce）。

e. 德劳瑞恩（DeLorean）汽车，特别是能穿越时空的德劳瑞恩汽车。

f. 捷豹（Jaguar）汽车，因为它的经典和华丽。

12 你不会厌倦以下织物：

a. 天然牛皮地毯。

b. 使用了很久的土耳其基里姆（kilim）花毯。

c. 精细编织的流苏艺术挂毯。

d. 顶级马海毛枕头。

e. 霓虹灯图纹抱枕。

f. 奢华的粗线抱枕。

13 你在周六早上的日常有点像以下情景：

a. 绕着湖边散步。

b. 逛一逛农贸市场。

c. 穿着贴身衣物跳舞。

d. 睡懒觉，也许是昨晚喝了太多酒，也许不是。

e. 和朋友煲个电话粥。

f. 走向香气扑鼻、嘶嘶作响的培根和煎蛋。

14 下辈子，你愿意住在以下电影场景的屋子中：

a.《美国骗局》（American Hustle）中罗瑟琳·罗森菲尔德（Rosalyn Rosenfeld）的险峻平房。

b.《灰色花园》（Grey Gardens）中的房子。

c.《遇见波莉》（Along Came Polly）中波莉（Polly）不拘一格的公寓。

d. 原始的或改造后的盖茨比（Gatsby）的家。

e.《老板度假去》（Weekend at Bernie）中经过艺术装修的极好的海滨别墅。

f.《爱很复杂》（It's Complicated）中简·阿德勒（Jane Adler）的华丽住宅。

15 在跳蚤市场，你很可能会看以下类型的物件：

a. 一套鹿角装饰，你忍不住要把它挂在墙上。

b. 一条摩洛哥婚礼毯——你床上完美的另外装饰。

c. 复古绳线艺术品，它们颜色搭配正确的话看起来很酷。

d. 小号丝绸衣物，比如一条性感的 30 年代粉色超长裙。

e. 时髦的黄铜台灯。

f. 亚麻布飞翼高背椅。

16 你在起居室最可能种植的植物是：

a. 看上去像从农场摘来的高大仙人掌盆栽。

b. 丛林似的蔓生琴叶榕。

c. 柔韧的羽状波士顿蕨。

d. 谁有时间给植物浇水呢？

e. 绿色氛光灯照亮的垂枝常春藤。

f. 经典螺旋形修剪的雪松。

17 你最可能用以下布料覆盖最喜欢的扶手椅：

a. 柔软的黄白色或米黄色亚麻织物。

b. 颜色鲜亮的复古印度纱丽。

c. 一大块罂粟花印花布。

d. 华丽的天鹅绒锦缎。

e. 时髦的白色皮革。

f. 古东方氛围的物什，如一块中国印花布。

18 你的生存信条是：

a. "啊！没有什么像待在家里一样能给你真正的舒适。"小说家简·奥斯汀（Jane Austen）说道。

b. "跟从你心中的月光，不要隐藏自己的疯狂。"诗人艾伦·金斯伯格（Allen Ginsberg）建议道。

c. "我想摇滚一整晚，每天办派对。"乐队主唱基恩·西蒙（Gene Simmons）这样告诉我们。

d. 电影明星玛丽莲·梦露（Marilyn Monroe）说得好："恐惧是愚蠢的。后悔同样是愚蠢的。"

e. 正如摇滚歌手大卫·鲍威（David Bowie）一样，你相信："我不知道我要从此处去向何处，但是我保证我的前路不会无聊。"

f. "有人生来就具有好的品位。这是很难强求的。但你可以后天获得些许品位。"独一无二的时尚编辑戴安娜·弗里兰（Diana Vreeland）这样说道。

19 你想进行一系列新的收藏。你应该开始收集：

a. 一套油画收藏——皆为安静的乡村风景。

b. 老式土耳其或摩洛哥织物，令你想起在国外游玩的日子。

c. 复古细藤篮子和摆设——你喜欢它们给家里带来的天然颜色与自然质感。

d. 奢华的璐彩特饰品或老式皮草——你发现它们是不可抗拒的。

e. 有趣的黄铜物件，让家耀眼起来。

f. 旧时的盘子和茶壶——你总是在搜集更多类似祖母婚礼时的物品。

20 一整天长时间的工作后，你会在酒吧点这款酒：

a. 没什么特别花样，加冰的水果白兰地即可。

b. 一杯"迈泰"（Mai Tai）鸡尾酒或任何插着小雨伞的酒，你因此可以假装自己在很远很远的地方。

c. "哈维撞墙"（Harvey Wallbanger），你总是沉迷于有旧时特点的酒。

d. 当然是马提尼（Martini）。你完全了解如何点单：特干的，有一点浑浊的。

e. 为什么不试试"激情海岸"（Sex on the Beach）呢？喝起来应该很有趣。

f. 你总是点一杯最好的梅洛（Merlot）葡萄酒。

遇见你的风格

斯堪的纳维亚风格（10~19 分）

你好，阳光。你热爱大自然，喜欢极简风格。你喜欢阳光，一有机会就打开窗户让阳光进来。你不在家中放置过多的摆设，因为你喜欢宽敞洁净的环境，也不时常待在家里。你总是在天气好的时候享受户外时光。而天冷的时候，你也保持着活力，以赶走冬日的忧郁。

斯堪的纳维亚风格的设计喜欢使用极简主义的装饰，在装修时注重功能性，大量使用白色，少量使用黑色调和木质结构，另外恰当地点缀上一些色彩，让屋子具有别样风格。

看看轻松的一面

- 槭木、桦木、橡木等轻质木材
- 现代塑料椅
- 简洁的线条
- 自然色或白色地板
- 少量使用黑色调
- 突出明亮、温暖的色调
- 冬日中的舒适（蜡烛和人造皮毛）

极简抽象艺术风格（20~29分）

　　收藏者们也许会认为你心情焦躁或有强迫症，但你也许是你所有朋友中最自由的。谁需要东西呢？它们只会妨碍你过自己想过的生活。你带回家的任何物什都是经过深思熟虑的。毕竟，这些物什是占用空间的。因此，如果你需要什么物什，你倾向于收集一件吸引人的，并把它简单有序地摆放起来。

　　极简抽象艺术风格的设计是质朴的、整洁的、现代化的——没有多余的物品可被移除来增加设计感，而且物品的材质说明了一切。极好的设计往往源自极简抽象艺术，例如起居室和厨房之间垂下的墙体创造了一个豪华开放的空间，屋子中的家具也看起来充满了现代艺术感。

少即是多，常常如此

· 白色的表面
· 镀铬摆设
· 线条简洁的平台式床
· 现代嵌板储存箱
· 少量的悬空式搁板
· 极简抽象派艺术雕塑
· 有简单支架的光滑家具
· 多功能组件

禅意风格（30~39 分）

你相信"流动感"。无论你是否相信，你总是在寻找打开屋子中的"气"的方法：点亮蜡烛或将床单对折，使之与沙发完美匹配。你的家是你的天堂，所以坚持纯正的基本元素就好。

禅意风格是一种东方的装潢风格（也可以称其为"去装潢"），崇尚用极简方式关注材质的"情感"。这些房间通过使用天然材料、大量木质元素和绿色植物盆景，使极简主义的设计不那么光秃秃，以达到平衡、和谐、放松的效果。

行个合十礼，我的朋友

- 同一色调或单色调布景
- 由纸灯等发出的漫射光
- 精油炉和天然芬芳精油
- 质地良好的寝具、地毯和窗帘
- 天然材料，如可再生木头和亚麻布
- 彼此对比的质地，例如放在光滑茶几上的编织篮子
- 极少或几乎没有装饰的简单家具
- 玻璃盆栽等室内植物

当代风格（40~49 分）

你不是一个怀旧的人。相反，你活在当下、展望未来。但是这不意味着你会每 5 分钟改变一次风格。你知道自己喜欢并坚持什么：安静舒服的夜晚、整洁的书架，以及轻松随意的屋子。

我的观点是，任何不涉及过去的风格都是当代的。但传统意义上，当代风格线条明快、轻松随意，没什么过头的装饰，跳过装饰性太强或太过阴柔的设计。而且，最重要的是，永远保持整洁。

回到基本元素

- 中性色调或刚性色调布景
- 强调色调组合
- 巨幅艺术品
- 矮而简单的沙发
- 玻璃桌子
- 智能可隐藏式储存箱（放在墙壁或家具里面）
- 弧光灯
- 打磨抛光镀铬或镀镍物品

工业风格（50~59分）

　　你是一个喜欢捣鼓物品的人，喜欢自己动手做出好东西。你有点不拘小节，像书呆子似的做着自己喜欢的事。对于手工啤酒、组装自行车和唱机，你从来不会觉得厌倦。你喜欢从原始的状态开始设计，希望内部构造是可以被看到的，这样你就能知道一切是怎样运作的。你梦想中的屋子是布鲁克林一间废弃的工厂阁楼，管道暴露在外，与从插头电缆上垂下的正在发亮的爱迪生灯泡相得益彰。你发现自己收集了许多金属和木头，但从未收集过什么精致的或抛光的东西。

　　工业风格更具有阳刚之气，在过去十年间赢得了十分成功的回归。工厂运货车、放打字机的桌子，曾经实用的物品基本都成了现代家居生活中流行的家具。原始粗糙的表面看起来像是有意未完成一样。老旧的材料转变为桌子或用于搁置的架子。贯穿整个空间的建筑元素都能看得见，这可以帮助降低设计成本。

赶时髦的人，你做了什么？

- 自己用管道制作的架子
- 钢铁质感的厨房地带
- 建筑墙体上生锈的悬挂物
- 长方形地铁砖
- 黑板漆
- 挂着光秃秃电灯泡的吊灯架
- 金属椅子

中世纪摩登风格（60~69分）

　　对你的风格而言，没有什么不相关或花哨的东西——你的着装是无可挑剔的、标志性的、组合得当的。一款优雅简洁的收身直筒连衣裙，配以别具一格的项链和简单的高跟鞋，你知道这般组合的魅力。你喜欢精心着装，出席晚宴；又或许，你喜欢在烹饪的时候享用一杯曼哈顿鸡尾酒（我是说，反正我喜欢）。对你而言，好的设计意味着一切，而企业家史蒂夫·乔布斯（Steve Jobs）的离世是个巨大的损失。通过简单漂亮的设计，将技术浓缩于最实用的功能中，乔布斯的确是个不折不扣的天才。你还沉浸在《广告狂人》（*Mad Men*）最后一季的故事中吗？你的运气不错，现在你可以把剧中主角唐·德雷柏（Don Draper）的创意和态度融入自己的家居设计中了。

　　中世纪摩登风格都是具有强烈复古氛围的式样，它们有阳刚之气、线条明快、充满魅力。这种风格出现于19世纪50~60年代，意在反对装饰性较强的传统设计以及在第二次世界大战之前盛行的贵族态度。在第二次世界大战之后，更加乐观的人们想要转变。于是，现代家具和建筑变得更加大众。物品开始回归到最具有实用性、雕塑感和最符合人体工学的形态。家具开始轻量化，腿脚更细、功能更多样。于是，人们可以更简单地生活，随心所欲地重新布置。大胆的几何图案以及配有明亮色块的中性色调点亮了房间。

摇动，而不是搅动

- 郁金香椅或埃姆斯椅（一种模制的塑料椅子）
- 红木或柚木等暖性木头制成的成品
- 几何图案
- 流线型长沙发
- 矮而长的梳妆台或书柜
- 饮料小推车
- 锥形腿家具
- 铬制品和铜制品的重点使用

ILLUSTRATORS 23

70 年代风格（70~79 分）

作为一个"花孩儿"（指抵制传统生活方式与准则，主张"爱情、和平与美好"生活的年轻人），你忍不住要表达自己——无论是通过艺术、音乐或者亲密的谈话。情绪化的性格也影响着你的家具设计：你热爱皮草（人造的即可）、绒毛地毯，或超级舒适的安乐椅。

事实上，著名记者汤姆·沃尔夫（Tom Wolfe）曾用"唯我十年"这一表述来形容上个世纪 70 年代。在这一时期，越南战争爆发，人们的幻想破灭，开始将注意力更多放在自身和家庭上。源于自然的中性色彩与明亮鲜艳的色块相混合，显得比从前更加古怪：基本而言，你想把所有东西都搬进屋子。

冷静下来，伙计

· 时髦的波形纹或印花图案
· 大地色为主，配以些许红色、蓝绿色或浓黄色
· L 形组合家具，可作为谈话处
· 许多不同的材质：长绒粗呢、人造毛皮、毛毡、流苏
· 柚木
· 弯曲的椅子，如标志性的蛋椅等
· 垂挂植物和玻璃容器

波希米亚风格（80~89分）

　　你不给焦躁或规则留什么空间。为什么呢？你只是忙于将自己的织物层层堆叠，与摩洛哥厚圆椅垫如胶似漆。你认为自己是一个具有创造力的人——一位艺术家或一位作家（专业的或业余的）。你看上去常常是飘逸从容的，有层次并且漫不经心，全身都散发着波希米亚氛围。

　　由于波希米亚爱好者在减少自己的嗜好方面花了不少力气，所以功能多样的装潢是必需的。想要冥想吗？这里有一个大型的枕头。散步吗？拿起沙发上的莎笼式女装吧。当客人们突然出现，放在地板上的枕头、软垫凳和临时用的小桌子就能派上用场了。

不走寻常路

- 古旧的毛毯和织物
- 错综复杂的整体图样
- 手工部落风格
- 古旧的家具
- 手工印染的亚麻织物和纤维织物
- 色调深而纯的家具和织物
- 图纹手纺纱棉蒲团
- 热带室内植物

现代魅力风格（90~99 分）

　　欢迎来到好莱坞。对你而言，世界是一个舞台，我们只是你的观众（但愿也是你的客人）。如果有人把你叫作"戏剧女王"（drama queen），你会把它当作一种赞美，因为你就是戏剧性的、富有魅力的、不同凡响的。于是，你的屋子也应该如此。你不能离开奢侈的床单、明亮的色调和绚丽的图样。如果有机会的话，你会给你的墙刷上和唇色相匹配的红漆。所以，你还在等什么呢？

　　现代魅力风格由好莱坞摄政装饰风格转变而来，这种风格诞生于 20 世纪 30 年代的电影场景，在黑色与白色之间有一种花哨的奢华。谢谢耀眼的明星为家居带来了装饰的灵感，好莱坞摄政装饰风格很快便流行起来了。奢华、夸张、浓烈、高饱和是这种风格的关键元素。它重视柔和的线条、金属的材料和奢华的制品，华丽和耀眼充满了每个角落。

生命是一出歌舞剧

- 涂了亮色漆的墙壁
- 充满了铬／铜制品的耀眼光泽
- 表现设计主题的超大镜子
- 绸缎、丝绒、毛皮等奢侈纤维制品
- 明亮的绘画墙纸
- 亚洲风格的细节和图形，如中国风物品和竹子制品
- 垂着水晶和黄铜装饰的枝形吊灯
- 天鹅绒华丽家具
- 高对比度调色，突出了许多珠宝色调

完全的80年代风格（100~109分）

对你来说，把生活过得有趣和手舞足蹈是最重要的——毕竟生命只有一次。你喜欢冒险、追随潮流，喜欢外形奇特且色彩浓烈的物品——对你来说，在波普艺术家安迪·沃霍尔（Andy Warhol）的印画下放一个复古豆袋椅是再平常不过的事。正如《早餐俱乐部》（*The Breakfast Club*）剧中主角安德鲁（Andrew）提醒我们的那样："我们都是可爱的怪人，只不过有一些人更善于隐藏。"

上世纪80年代，室内设计的特征是有许多俗气的细节（过分使用淡紫色和印花棉布）。尽管如此，它也有一些有趣的瞬间，带来了年轻、有活力甚至稍稍有些失控的艺术装修影响（以一种积极的方式）。

只是另一个狂热的十年

- 各种颜色的霓虹光
- 以玻璃或黄铜为材质的餐桌或咖啡桌
- 多彩的波普艺术
- 镜面家具
- 艺术性的几何图纹——扇形或三角形
- 扶手软垫家具
- 柔和的色调——柔和色调风格回归了，伙计
- 奢华的面料，如豪华天鹅绒和漆制皮革

乡村风格（110~119 分）

简单的生活是你最想要的。对于一个像你这样天生喜欢家居生活的人而言，没有什么能比得上在树林里长时间徒步后在翻新过的桌子上吃一顿饭（桌上的蔬菜正是刚刚从菜园里摘下的）。乡村风格布置设计了一个家外之家：始终慵懒、温馨、踏实和舒适。在这些空间里，条纹、彩色格子、单色格纹、碎花图样非常普遍。乡村风格的屋子有如电影《恋恋笔记本》（*The Notebook*）中瑞恩·高斯林（Ryan Gosling）饰演的男主角为瑞秋·麦克亚当斯（Rachel McAdams）饰演的女主角所盖的房子一样，充溢着浪漫气息。

放松，你正在大苏尔度假

· 有着好看古旧色泽的家具
· 红条纹或蓝条纹的枕头（特别是质地坚实的条纹布料枕头）
· 棉布或亚麻布沙发套
· 适于午后小憩且扶手有软垫填充的宽大沙发
· 水洗亚麻布料
· 插有修剪打理过的野花的铁罐
· 突出生铁或铜质表层
· 好看、古旧的硬皮书
· 具有乡村风格的木地板

传统风格（120~129 分）

你的性格是各种性格中年龄最大的——依赖性强并尊崇传统。你总是追忆往事——事物过去的样子。你不喜欢现代社会的嘈杂，那让你几欲发疯。相反，你渴望黑白电影、老旧的硬皮书和有蜡烛柔光的房间。

一个传统的居所温暖而诱人，有着温文尔雅的气息。电视剧《唐顿庄园》（*Downton Abbey*）中的房屋布置就是一个（很奢华的）传统风格范本。电影《爱很复杂》中屋子的设计则是对传统风格的现代解读，这种风格被称作新传统风格。

一如往昔

· 波斯地毯

· 扶手靠背椅

· 水晶吊灯

· 古玩茶具

· 花缎、中国风或麦特拉斯提花（matelassé）等经典图样

· 植绒床头板

· 抢眼的镀金表层

· 落地灯和大理石半身像

· 人像油画或风景画

风格轮盘

正如颜色轮盘一样，下图中的风格轮盘将帮助你选择能彼此搭配的式样。方法就是找到一种风格的对立风格。沿顺时针方向，轮盘上的风格由最简约的样式（斯堪的纳维亚风格和极简抽象艺术风格）变换到最繁复的样式（传统风格）。你还记得自己在家居风格测试中最开始回答的那两个问题吗？这两个问题能帮助你明确自己的风格属于风格轮盘的哪一边。下面是一个小技巧：如果你的风格测试分数在任何风格的中间区域上，你的风格中也许也包含了与该风格相邻的风格元素。

现在你已经知道了你的设计风格，请在风格轮盘上找到你的区域，考察与其互补的风格。由于彼此互补的风格之间差异很大，所以相互搭配会得到最佳的视觉效果。拿传统风格打个比方吧。传统风格的设计会使用植绒靠背椅和装饰墙纸，要将其与另一种同样注重细节的风格（如西班牙风格或装饰风格）组合起来是件棘手的事。因此，为了取得平衡的效果，可将传统风格与简约的元素相组合，如中世纪摩登风格，它们在风格轮盘上正处在相对的位置。你可以尝试使用一张复古细长沙发，在上面放一些印花或流苏抱枕。铺上一张传统的波斯地毯，加上一把丹麦现代扶手椅——其组合效果出人意料但赏心悦目。随着你在这两种风格之间游走自如，试着再加入一种风格。请不断尝试，直至找到正确的组合。

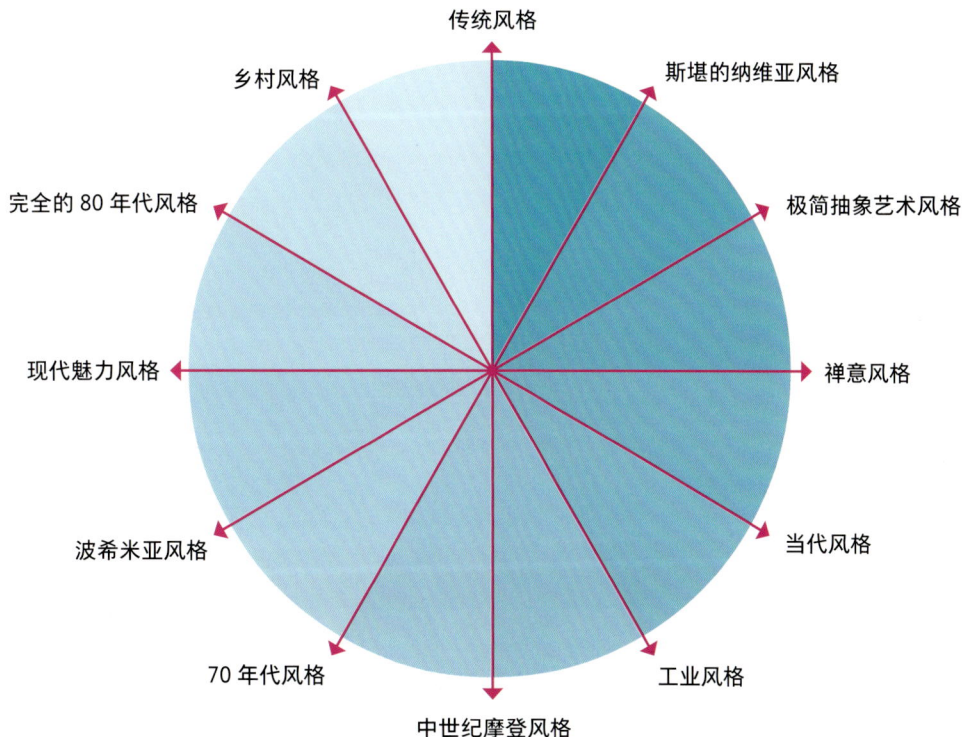

传统风格
斯堪的纳维亚风格
乡村风格
极简抽象艺术风格
完全的 80 年代风格
现代魅力风格
禅意风格
波希米亚风格
当代风格
70 年代风格
工业风格
中世纪摩登风格

第 02 章

圈内人说

和卡拉 OK 歌手一样，越好的风格设计师
受到的训练越少，且决心越大

你知道那位能完美演唱惠特妮·休斯顿（Whitney Houston）的《我永远爱你》（*I will always love you*）一曲的急待成名的少女吧？事实上，在大家习惯外出吃墨西哥卷饼的周二，没有谁有兴趣在卡拉 OK 酒吧听充满情感的颤音。就当作今晚是你在世界上的最后一晚，唱一曲《情归阿拉巴马》（*Sweet Home Alabama*），让我们倾倒吧。同样地，精通风格设计并不一定要求你学完昂贵的设计课程并取得学位。你只需稍加练习，有设计的欲望——或者像我一样，对风格设计充满热爱和信心就可以。尽管我不认为构建一个美丽的房间意味着教条般地遵循该做什么和不该做什么，但有一些行话是正在起步阶段的你需要知道的。

小场景

　　小场景（vignette）指的是摆放着物品和家具的一小块地方，这块地方常常布置着反应居住者性格的物件。你将一再在此书中见到"小场景"这个词，也会常常在互联网上看到它。

　　对于杂志照片的拍摄而言，作为风格设计师的我们致力于展现有关空间设计的信息，同时也在讲述居住其间的主人的故事。摄影师对房间进行整体捕捉——我们把这叫作后拉镜头或者"全角"——这当然是重要的。这种方式的摄影能帮助你理解房间的布局、组成以及总体的配色方案。但是，你也会想要更深入地了解那个空间，知道更多有关其主人的事。因此，摄影师通常会将镜头拉近，展现更多有关屋子的个人细节和屋主与众不同的地方。这正是"小场景"设计使风格设计师感到困扰的地方。我们充分利用这些有关"小场景"的瞬间，告诉作为读者的你们一个个美好而独立的故事，告诉你们这些屋子的主人是多么有趣。"小场景"正是美好屋子的秘密武器。

"小场景"——你的表演秀

　　当你将客人们请进自己的屋子时，你想让他们看看你是怎样的人。通常而言，将你的一切告诉他们的不是你的长沙发；而是你奇怪的乡村挤奶凳，它就放在一张复古风格的人物画下面，画上是一个或许开心或许喝醉了的人。这个特别的"小场景"向人们透露了更多关于你的秘密，是其他物件比不上的。例如，你心中是否有一个成为"奥林匹克挤牛奶健将"的梦想？或者，你只是受到一张形状奇怪、看上去像来自另一个年代的凳子的启发？

　　你希望你的客人和朋友们知道你的兴趣在何处。尽管你可以滔滔不绝地说着关于自己的事，但你最好还是让自己最喜欢的物件和纪念物来告诉人们关于你的故事。

这正是你

关于屋子，客人们能给予你的最佳赞美是它完完全全属于你。你希望他们一打开房门，就能看到你的性格。但是要达到这种效果，仅仅依靠大件家具是办不到的。你的沙发也许是植绒的，也许是天鹅绒的，但它们不会告诉人们你去过哪里或特别喜欢什么的完整故事。而另一方面，一个放有复古吉他和少量边角磨损的摇滚音乐磁带的角落透露了更多关于你的事，帮助你表达着对齐柏林飞船乐队（Led Zeppelin）的爱。

围绕不同的主题或者使用收藏的心爱小玩意儿去营造独立的世界，这会带给你一个漂亮而高度个性化的房间，帮你一下子吸引客人的注意。

风格秘诀 你翻看着自己的物件，思考着如何摆放（或装饰）它。让我给你一个从我的第一位风格设计老板那里得到的技巧："一件好看的东西总是与另一件好看的东西相宜。"通常而言，如果你喜欢某样东西并且这样东西是好看的，你可以将它与其他你喜欢的东西放在一起（特别是当它与你的色调设计相符的时候）。

是时候困扰了

创造一个"小场景"，我保证你将发现这是有点儿让人上瘾的。你将会困扰于细节（以好的方式）。当你想要简单地把屋子拾掇出新面貌的时候，你也许会选择重新布置一下你的"小场景"，而不是重新整理整个空间。当我厌倦了我卧室的风格时，我不会选择重新设计它，而是选择重新定义其风格。接着，哇！我的屋子看起来焕然一新，但是我没有移动一件家具。

锤炼细节

一旦你在房间里点缀了一些"小场景",请确保它们彼此"交谈"而不是彼此"竞争"。问问自己以下三个问题:

- 相比其他"小场景",是否有哪个"小场景"看上去比其他的更具风格?
- 相比其他"小场景",是否有哪个"小场景"缺少了颜色或细节?
- 是否有一些表面是你还未打理的,比如一个角落或一张茶几?

着手把东西从一个"小场景"移到另一个,使所有的物件显得和谐、房间中的各个细节被平均地分布。这并不意味着你需要在自己的屋子中堆满摆设——只是说这些摆设需要彼此平衡。

当你想着创造多样的"小场景"时,你的空间最终会看起来充满内涵、设计良好,体现出自己的性格。这是因为每一个区域和表面——甚至是角落——都被考虑进去了。

1

2

3

4

4 个招人喜欢的 "小场景"

为了帮你起步，下面是一些我最喜欢的风格设计"小场景"。
根据下面的主意更换你已有的物件，开始玩耍吧。

1 温暖舒适的阅读角落

一个光洁的活动躺椅，上面放着羊毛毯和护腰枕，羊毛毯被折叠得很好看。茶几上放着一个玻璃杯和一本书。摇臂灯给屋子提供合适的光线。

2 寻找金色推酒车

小推车上放着很多好看的酒瓶和苏打水，一个插满花的调酒器，以及与小推车相配的彩色玻璃杯——你可以把一些调酒用具放在其中一个杯子中。

3 阳光早晨沙发

几个深红色枕头（跳过"想剁手"这件事！），一条随意垂下的薄毯，一盏拱形落地灯，一张放有打开的杂志的五彩茶几。

4 乡村情调咖啡桌

一沓简单的艺术书，书上放着现代主义雕塑作品。一个木质托盘，上面放着杯垫、遥控器等五花八门的东西。一块具有放大效果的玻璃，下面压着一张最喜爱的照片。

对比

对比（contrast）是房间中相互对立的元素的组合，比如风格、形状、图案、尺寸和质地等。

你拥有的对比数量与房间中的"能量"直接相关。简而言之：对比元素较多的屋子会给人更生机勃勃和更热闹的感觉，对比元素较少的屋子则会给人安静平和的感觉。

用对了对比，你会得到这样的赞美："哦，我的上帝，这间屋子真是太令人觉得放松了，我只想蜷缩在那个低对比度的椅子上，做一个单色调的梦。"或者，你也可能得到相反的赞美："哦，我的天，嘿！！！你的房子太有趣了，太给你长脸了，它的颜色这么丰富，我这几天都不想睡觉了！"我发现大多数人的反应处于这两者的中间地带——他们希望自己的屋子看起来有趣但不荒唐，安静但不会使他们被无聊折磨。

你可以运用以下 6 个元素，在房间中营造平衡感：

- 风格
- 图案
- 颜色
- 形状
- 尺寸
- 质地

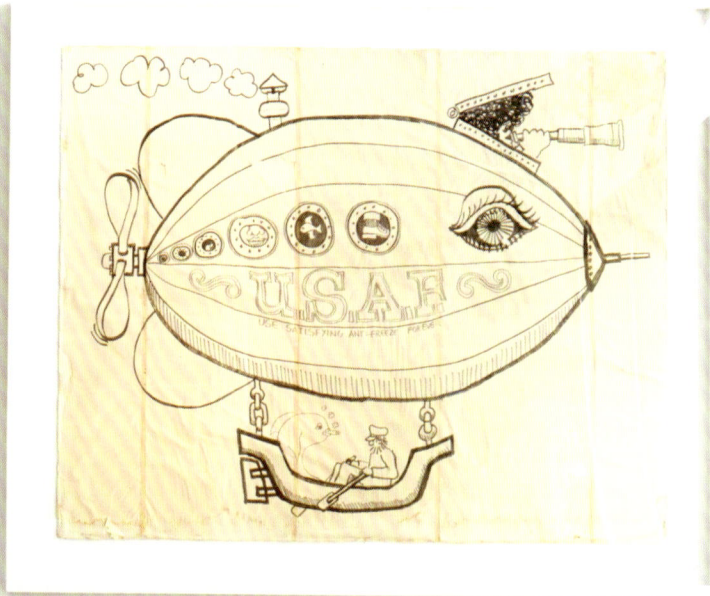

根据你的性格和需要的功用，选择房间中对比的数量。

高对比度

（上页所示）当你想进行更多风格冒险的时候，不妨考虑在更"临时"的空间中进行这样的尝试。在以下房间中，你对房间的设计感到厌倦的可能性更低：

- 化妆室
- 客厅
- 儿童室
- 沾泥衣物寄存室
- 门厅
- 饭厅
- 玄关

低对比度

（本页所示）选择一种安心恬静的情调，来装饰你会长时间待且希望少一些视觉干扰的房间：

- 你的卧室
- 如果你是把起居室作为庇护所的人，那也可能是你的起居室

忽略
你对色彩的直觉

如果你喜欢色彩，不要粉刷你的墙。这是违反直觉的，我将告诉你其中的原因：如果你常常购买有很多颜色的摆设，而你的墙也被刷上了颜色，那么你的房间会看起来像是住了一个疯狂的人。尽管我是一个痴迷颜色的人，但我知道我要坚持使用白墙壁、木制品和铜制品，不然房间各处的颜色、图案就太多了。通过保持"安静"的房间基调，你给了自己在之后给房间添上一层层纷繁装饰的"许可证"。最终，房间被设计得生动、活泼、充满色彩，但又不过分杂乱。

如果你喜欢柔和的色调，就更大块地使用色彩吧。刷一面主题墙或买一张大的单色地毯。请记住，你的直觉是对颜色"安全"的物件和摆设进行购买并分层次地摆放。一种明亮愉悦的色调（如孔雀蓝或略微更饱和的中性石灰色）能帮你避免将屋子铺设成一层层的米黄色。无论你对颜色有多么保守——没有谁喜欢生活在一个全部是米黄色的屋子里（除非是特别无趣的人，但我知道你不是，因为你购买了这本书）。

对比鲜明的风格

正如你在上一章节中所读到的那样，你不止有一种风格，你的房间同样如此。请记住，魅力产生于对立之中：事实上，差异较大的风格组合起来反而效果最佳。将其中任何一种风格与简洁现代的家具相组合，就能取得绝妙的效果。例如，如果你将摩洛哥风格和西班牙风格结合——这两种华丽的风格都以镶嵌花样、雕刻装饰和许多小细节而出名——风格就太相像了，你设计的屋子最终会有许多彼此冲突的部分，却没什么能吸引眼球的东西，看起来充满了旧时欧洲的气息。我喜欢将一种更有装饰性的华丽风格与一种更干净简洁的风格结合在一起，例如中世纪摩登风格。如果你有很多南美织物，请考虑将它们与简单的法国粗条纹结合起来，而不是与一块华丽的花缎子相结合。随着一种风格的微量减少，另一种风格的细节就被彰显出来了。

按照心中所想将不同的风格混合起来，想混合多少就混合多少，只要你对引入的颜色进行控制就好。通过一致性很高的调色，7 种截然不同的风格可以共存于一间屋子中。但如果是包含 25 种颜色的多元风格呢？这样的尝试曾经有过，被称为"精神分裂般的不入时"（schizophrenic non-chic）。该尝试并不流行，也不会回归。

风格秘诀 如果你的房间使用了图案奇异的墙纸或者摆有暖色系粉红沙发，快速转变房间的对比度就会变得更加困难。因此，需要保持那些更大、更固定不变之处的朴实状态，而通过摆设和更小的装饰带来对比效果。

相互对比的质地

所以，你希望你的房间有生气、被收拾得整整齐齐、看起来有故事，但同时你也希望它使你平静下来？每一个房间都应该有相互对比的质地。如果你的所有家具都装上了同样质地的软垫，这就像穿着牛仔夹克和牛仔格子裙一样——我没有任何冒犯加拿大人穿衣风格之意。只不过，这样的穿着太过眼花缭乱了，你的眼睛需要一些休息。因此，当你为你

的沙发选择材质（比如天鹅绒）时，可以同时买下亚麻或皮质的单椅。将它们与你各种材质的抱枕混合搭配（羊毛、天鹅绒、丝绸、粗线编织或金属材料）。

有了一系列不同的材质，就要对房间的用色有所限制。如果你的房间里已经有了 8 个颜色，而且在其中堆叠了太多庞杂的材质，那你的房间看起来可能会有些沉闷。

色调和谐或同色系配色

同色系配色（tone-on-tone）指的是将同种颜色的不同色调结合起来。

同色系配色就像房屋风格设计中的香奈儿——经典、和缓、传统。正如可可·香奈儿（Coco Chanel）所建议的，为了使外观搭配得宜，"在出门前请照照镜子，换一件衣服下来"。对一间房间的色调来说，亦是如此。将卧室布置成这种"少即是多"的外观，达到的效果最佳。如果你追求房间中色调的和谐，请遵循以下的三步建议：

- 不要犯上强迫症，只从同一块色板上挑拣颜色。你可以转一下调色板，直到你在上面发现了你的房间所需要的颜色为止（相信我，你能用这种方法清晰地发现想要的颜色，就像能感觉到拇指的疼痛一样）。
- 使用一系列深色调和一些浅色调。
- 不要忽略材质的使用，混合使用多种外观和面料的制品，将房间设计得趣味盎然。

色彩调色板

色彩调色板（color palette）是为所设计的屋子提供的一组可选择颜色。

色彩调色板是你房间中最重要的元素之一。尽管你知道色彩调色板的意思，但当你需要选择生活中长期陪伴自己的颜色时，我想你还是会偶尔犯难。请依照以下五个步骤，使你的色彩调色板远胜从前：

1 找到你最喜欢将其穿上身的颜色。 在家居色彩的选择方面，衣柜中挂着的衣服可以为你提供最大的提示。你的衣柜中最常出现的色调，大概就是你能够自信地与之共处的颜色。以该颜色为起点，选择调色板上的其他颜色。这并不意味着如果今年的流行色是铁蓝色，你就需要将你的墙壁刷成这种颜色。这只是说，你可以从自己喜欢穿的衣服里找到线索。如果你有很多蓝色系的衣服，便可考虑将这种颜色纳入家居色彩中。如果你发现自己从来不穿紫色的衣服，那么也许这种颜色并不适合你——无论是对你的服装而言，还是对你的家居设计而言。

2 添加一个高亮度的颜色和一个低亮度的颜色。 你曾经挑染过头发吗？若是，那你就会发现明色系和暗色系是如何配合起来增加色彩深度的。高亮度的颜色不但更明烈、更醒目一些，而且能增加感染力；低亮度的颜色则更加矜持细腻，可作为各种颜色的打底色。为了给你选择的主色添上变化，你可以在其中加入一个更浅亮、明快的色调和一个更淡雅、轻柔的色调，作为补充。如果你选择的主色是法国蓝，那么你选择的亮色可能是青色，而暗色可能是石灰色。如果你选择的主色是粉色，那么你选择的亮色可能是亮紫红色，而暗色可能是香槟色。

3 不要局限于 3 种颜色。 如果用于一个房间的色彩调色板较简单，设计起来也许会容易一些，但会使房间看起来像是住着一个紧张、保守的人。

4 混合使用暖色调和冷色调。 任何一个房间都需要有混合的色调，通过混合使用暖色调（红色、橙色、黄色、棕色和米色）与冷色调（蓝色、绿色、灰色、白色），可以给房间带来平衡感。选择一些你不常用的颜色，给自己带来惊喜吧。请记住，以木头和金银为材料的制品也能在屋子的色彩设计中派上用场（木头和金相当于棕色，而银相当于灰色）。

5 选择一道强调色。 在房中加入一道颜色，该颜色可以在你需要的时候从房中被移除或被替换。该强调色需要和房间的主色在色轮上处于相距较远的距离（譬如，洋溢着欢乐的黄色和充满男性气概的海军蓝），并且非常醒目。想想以下颜色：桃红色、亮珊瑚色或明黄绿色。就像你有段时间对某条厚重的项链喜爱得无法自拔，过了一段时间却连看都不想看它一样，房间的色彩设计同样如此。因此，请保持房间的强调色灵活可变。换言之，请不要将你漂亮的硬木地板刷成彩通公司（Pantone）在这一年发布的年度色。

设计探秘

你不妨设想，通过给房间涂上暗色的漆，能不能使一间原本比较小的房间看起来大一些呢？事实并非如此。这并不意味着暗色油漆不好看，而只是说，暗色油漆会令房间看起来变得小一些。这是经过证实的，每一个美国妇女都知道这个道理。在黑色的衬托下，一切都看起来更小了——我们的房间也不例外。

层次感

层次感（layering）的设计意味着将一些物品放在另一些物品的前方或后方，以获得一种整体的感觉。它可以被应用在小场景或整个房间的设计中。

如果一个风格设计师在布置家具、摆设和织物时，注重营造深度和质感，那么其布置的屋子就是有层次感的，就像这间屋子多年来都有人居住且被精心打理一样——即使这间屋子只是作为拍摄的场景，也能达到这样的效果。环视房中的布置，无论是作为前景还是背景、处在高处还是低处，都有序地摆放着物件。每一个空间都被适当地填满了——即使是使用极简风格布置的房间也是如此。看着具有层次感的房间，你不会想道："不，我快窒息了，我觉得空气稀薄，无法呼吸了。"

对于层次感的设计而言，关键在于知晓家居物品何时被摆放得太过完美了，那样看起来就像是机器人设计的。因此，你大可轻松一些，不必太过紧张。

通过在不同的平面布置家居物品，你可以给自己一种穿越历史的错觉，感觉自己的东西是在不同的时间点被收集来的。你还能给别人一种你是个自然主义者的感觉——仿佛你早就知道了这些东西放在一起会带来很好的视觉效果（即使你重新布置了10次甚至40次）。

风格秘诀　如果你是个极简主义者并且想在屋中营造家的感觉，那么对房间中的各个表面不加布置并不是一个好选择，你应对其进行简洁的布置。关键在于添加一些大件摆设作为前景和背景，或者将摆设放在不同的平面上。考虑使用大件艺术品，而不是使用画廊墙。考虑添置尺寸较大、造型简单的镀金船舰，而不是添置一堆微型金鞋子（什么？）。

我的
"3者法则"

"3者法则"（rule of threes）众所皆知——该法则可被运用在写作、摄影和设计中，是将小场景设计出层次感的秘诀。将3个信息打包呈现，会使人们对这些信息的印象更深，但你需要赋予信息变化。在同一时间看三件尺寸相近的物品会给人以混乱的感觉——原因是这三件物品会彼此竞争。（这一切就像观看花车游行，而几辆花车的大小、风格和颜色却没什么两样——没过多久你便自然而然地感觉到无比无聊，但更重要的是，看着眼前不断重复的花车，你觉得自己快要发疯了。）为了了解身边正在真实发生的是什么，你的眼睛需要看到一些多样化的事物。因此，我为你想出了特别简单但不可错过的法则，可以用于每一个平面的设计（无论它是壁炉架、操作台、咖啡桌还是梳妆台）。在各平面上布置以下三种家居物件：

· 纵向延伸的物件。

· 横向延伸的物件。

· 使纵向延伸物件和横向延伸物件和谐起来的雕塑作品。

对于壁炉架上的小场景，你也许会选择放上一件纵向延伸的艺术品和一堆横向摆放的书。这样摆放之后，你将需要某件能够使这两种物品和谐起来的物件，以降低垂直面和水平面之间的落差感。因此，请别忘了在它们之间搭起一座"桥梁"，一件有简单雕刻般线条的物品就可以。你只需要在壁炉架上再放上一只装着柔弱牡丹花的花瓶即可。

请不要把三件物品隔着相同的间距整齐排列——那样子看起来太过规矩，也太像商店陈列。请把一件物品放在另一件物品前面以增加纵深感，并把第三件物品摆到一边，给这三件套提供一点呼吸的空间。

平衡

平衡（blance）意味着房间中的物品和家具在视觉上具有的平等地位。

平衡是营造一个舒缓且没有视觉杂乱感的环境的关键，但请别被其中的术语吓怕了。你的双眼会告诉你，家居物品的摆放何时是刚刚好的。即使物品在大小形状上存在差异，你真正想要的还是通过布置，使它们看起来具有平衡感。

如果你在沙发的一边摆放了一盏大落地灯，那么你就需要在它的另一旁也放上什么东西，使沙发看起来不至于好像要翻倒一样。但是请不要出门再买一盏灯。用混合的方式进行设计，比如尝试将一个装满鲜花的立式花瓶放在更大艺术作品下方的茶几上。花瓶和艺术作品的垂直线条将与落地灯的比例形成平衡。再次说明，你追求的是视觉上的平衡，因此不要认为每一个家居物件都要占据同样的比重。

比例

比例（scale）指的是你房中陈设之间的均衡关系，以及这些陈设是如何与房中的其他陈设相互融合的。

以下是一个简单的指南：如果你的房子比较大，请购置大型家具；如果你的房子大小中等，请购置中型家具；如果你的房子比较小，请购置小型家具。一切就是那么简单。如果你的沙发很大，不要给它配上一张特别小的茶几，而是给它配上大型的茶几。

如何得知你的一切物品都符合相同的比例呢，特别是当你在购物的时候？请牢记以下几个小窍门：

1 你的咖啡桌尺寸应该至少是沙发尺寸的三分之二。如果你的沙发至少有 7 英尺[①]长，你的咖啡桌的大小则应该在 4~5 英尺。你喜欢那个流行的厚圆蒲团吗？不妨把它作为美式仿古圆桌或把它放在一个角落，也可以把两个蒲团叠起来当咖啡桌。

2 家具的高度应该相近。一般情况下，你的靠背椅扶手的高度应与沙发扶手的高度相近。靠背椅的高度也应与沙发大致相同，这样你便不用越过沙发太远才能放下手中的饮料了。

3 如果你的房间很大，那么就买一张大地毯。布局太小是最大的错误，它十分常见，而且当真能毁掉房子的设计。如果你即将有一间大的起居室，这间起居室的大小如果达不到 9×12 米，那么至少应该在 8×10 米以上。我知道，在线看房的时候，8×10 米听起来就似乎挺大了，但是，一旦它真正成为你的起居室，你就会觉得这个房间实在是太小了。

4 如果你的房间相对小一些，请选择更小的陈设物。否则，你的房间会看起来狭窄拥挤，失去大部分的功用。重新布置长沙发和装饰椅很容易，使用这样的家具比使用大件家具更能充分发挥房间的功用。如果你想要组合式家具，请选择线条细窄的款型，减少占地面积。

---

①1 英尺等于 30.48 厘米。——编者注

焦点

焦点（focal point）是当你进入一间房时，视线会首先着陆的地方。

走进一间布局良好的房间，你会发现自己立即就被房间中的某处吸引：这处就是焦点。在房间布置中，对焦点区域的布置会给你带来最大收益，因为客人对你房间的第一印象正是来自这一区域。不知道你房间的焦点区域？下面是给你的提示：焦点区域通常是显眼的，譬如组成房间的某处结构——一座壁炉或一处又大又漂亮的窗户。或者，焦点区域是房中最显眼的一面墙——也许是你进入房间后看见的那面墙。答对了，这面墙就是应该被用来放置精心布置的床头板或超大型镜子的地方。

请记住，你的焦点区域无须是某种狂热的说明。虽然焦点区域很重要，是风格设计的基础，但我并不建议你在起居室的中央建一座圣坛。你只是试图用此处吸引人们的目光，使其成为探寻其他角落布局的起点。

基调

基调（mood）是一个房间的气氛或感觉。

我常常问客户的第一个问题是，你希望你的空间给人怎样的感觉？他们需要选三个词来回答。当你走进房间时，你想让哪种感觉涌进你的脑海？高兴，眼花缭乱，好笑？幸福，欢乐，精神十足？在最开始，找三个词来形容你房间的气氛比决定房间的外观设计更加重要。这三个词为你的购物、整理和布局提供了决策依据。当你在两张沙发间举棋不定、不知该买哪个时，你可以根据房间的基调决定买那张舒服的沙发，因为舒适是你的目标。我的三个词是"高兴、轻盈和精彩"。我在选购物品时，需要不时地提醒自己这三个关键词，这确实是有用的。

接下来，想想你曾经去过的符合你审美的空间。如果你选择的三个词中有一个是"风情"，而且你以前最好的朋友在纽约生活并有一间非常迷人的屋子，想想其中的亮点吧。是她收藏的钻石头饰吗？还是她的金属皮革床头板？抑或是她的天鹅绒躺椅？想好之后，你就可以在自己的屋子里复制她的设计秘诀了（反光表面、奢侈织物、高端家具）。

第 **03** 章

十个简易步骤，
让你的空间
大变样

现在，你已经知道了属于自己的标志性风格和一些关键的行业术语。以下是关于如何对你的房间进行风格设计的教程。

老实说，风格设计最好的方法是从照片上汲取灵感，用于布置自己的屋子。因此，本章是简短的，如何通过借鉴他人屋子的布局来重新布置你的屋子将在下一章中进行介绍。但是，你需要遵循一些重要的步骤，来布置房中各处。

步骤 1: 保持住或停下来

是时候做我最喜欢的游戏了: 保持住或停下来。你已经学到什么样的东西是和你的风格一致的。现在, 你可以梳理房间中的物品, 判断哪些不属于你的房间, 而哪些必须被保留。也许你是一个极简主义者, 你的房中只放置了自己最需要的东西, 完全准备好了进入步骤 2。又或者, 你是一个潜在的囤积者, 需要花费很多精力完成这一步骤, 然后再继续进入下一步。

对于每一件家居物品, 在心里衡量一下自己的怀旧感: 若你需要丢掉物品 X、Y 或 Z 中的其中一样, 一个星期过后, 你是否会怀念它? 还是, 你会悲伤得无法自拔, 为失去它而痛哭失声? 对大多数事情而言, 你做出的决定并不是非黑即白的。但是, 用 5 秒时间假装你需要做一个非黑即白的决定, 看看你的选择吧。你也许会为之惊讶。

如果你想一不做二不休, 彻底重新布置你的房间, 那么就尝试在房中放足够多的旅游纪念品和心爱之物吧, 使别人不会觉得你的房间是在 10 分钟之内布置起来的。正如我们先前的商定, 你要在你的空间内营造一种历史感, 好似你这些年一直在收集和添置物品 (对一些风格来说, 甚至好似此空间经历了几个年代)。保留一些大件家具和中件家具, 放一些小件的摆设, 在房间各处点缀上你的个性元素。最重要的是, 将架子和其他平面上所有杂乱的东西都清理掉, 从零开始, 在房中添上一些可爱的小装饰。

删减技巧 每逢搬家, 我都会通过以下三类标准对我的物品做出评判, 决定其去留。这三类标准是: 好看、实用及感性。我保留的每件物品都至少需要符合其中一类标准。如果你居住的空间更小一些, 那么你保留的每件物品都至少需要符合其中的两类标准。

步骤 2: 制作一个基调展示板

　　收集设计灵感能帮助你对房间进行具有整体性的风格设计。但通常而言，最困难的部分是将好看的照片变成实物，并将其作为已有房间的组成部分。以下是我总结的一些简易步骤：

- 通过丢弃一些物品，减少房内的布置。把油漆碎片、杂志样张、面料小样钉在展示板上，然后把它们一道发布在 Pinterest 上。给你的展示板取个名字，诸如"让我倾心、喜爱至极、宝贝得恨不得含在口中的东西"。

- 现在，一切看起来会太女性化或太随意吗——甚至，会不会看起来不属于你？重新布置，修改，添置，并跟随心意看看是否要将改进后的布置再次发布到 Pinterest 上。

- 回顾你的风格轮盘，将能展现你的互补风格的照片一并钉在展示板上。然后考虑一下，这些照片是否能反映该空间的功能：对于一个更有活力的房间，可以引入许多的色彩对比（比如黑色和银色，或海军蓝和白色）以及无数多彩的小装饰品。对于低调的外观，则要使用更丰富的材质和色调。

- 对你钉在展示板上的物品进行微调，使之更符合你的预算和时间。其中一些物品可以留作他日使用，以备不时之需。

- 用手机给你的基调展示板拍张照，或将你对各部分的布置用笔记本记录下来。这样一来，当你购物的时候，就会知道与你房间相配的颜色和材料了。

色彩技巧　为了寻找一个好看的油漆色，我有时会选择用 Google。输入"冰蓝油漆色"，就能得到许多来自装修杂志和网站的建议。

步骤 3：设置布景

　　退后一步，将你的家具和地毯、枕头、窗帘等织物尽收眼底。眼前的一切与你房间的风格协调吗？或者，你是否需要从房中除去其中几样？在风格上稍做一些调整，一切也许就会全然不同。例如，对于起居室的布景，你可以这样做：

- 考虑一下，一层新的油漆涂层是否能创造奇迹。（我打赌，它会！）

- 检查家具的摆放是否已最为"流畅"，确保你的沙发和装饰椅是适于谈话的。

- 将窗帘换一个新风格。或者，如果视野好的话，可以把窗帘拿下来。

- 换一张新的（或复古的）地毯。由于地毯占据了很大的视觉空间，你房间的风格会即刻得到转变。

- 放一张新的小装饰椅，垫上一张你喜爱的面料做成的软垫，给屋子增添一点个性气息。

- 扔掉破旧的床单和枕头，给房间换一个风格。这样做带来的改变会令你惊讶。

一旦你对房间的基调满意，找一些能让你产生灵感的平面，进行风格设计。对小场景的设计就应放在这一阶段进行。如果房间的大小合适，你也许想在每个角落都安上小场景，从而使房中各处的风格相互平衡。

将这些平面清理一下、擦擦干净，或简单地重新整修一下。你需要在这时清空你的书架。这样一来，你才能考虑要在书架上面放些什么（而不是随意摆放一些这些年收集的东西）。

将原先放在架子上的摆设分门别类分成两堆：一堆用于步骤 4（留给以后风格设计时使用），另一堆用于步骤 1（被清理掉）。

以下是我最喜爱的关于如何使物品历久弥珍的几点建议：

- 避免（或推迟）不得不给沙发换座面的情形，在沙发上放一条五彩的被子或奢华的毯子，给沙发添一些色彩与质感。
- 给传统灯盏罩上一个鼓形灯罩。多么神奇啊，这样一个简单的东西，就能让一盏古式灯盏具有现代风格。
- 改换古董梳妆台的用途，将其作为你起居室或门厅的小桌或存储桌。

步骤 4: 用手头有的东西进行设计

不要立刻就去购置物品。只要找对了地方，你手头也许就已经备齐了用于设计一个可爱小场景的所有东西。现在请别着急，把你那些可爱、有趣的东西整理到一起。也许你可以把它们放在地板或咖啡桌上，这样你就可以把它们放在一起看了。在真正进行风格设计之前，将类似的家居物品（风格或颜色类似）整理到一起。你也许想把它们陈设在一起，但是如果你要设计的是一间一居室或者工作室，就不要总是想着要把厨房用品都放在厨房中，或把艺术品都放在起居室中。将蛋糕架等漂亮的托盘设计成茶几上的小场景吧。以下是一些我最喜欢的（但你可能会忽略），提供给日常家居设计的建议：

- 收纳盒。这些收纳盒不但可以用于存放物品，也可作为陈设品。
- 雕塑物品。不要忽略雕塑物品，每一个平面都迫切地需要好看的雕塑物品来修饰。
- 托盘。相信我，每一个房间都需要一个托盘，用于将一堆小物件放在一起。

85

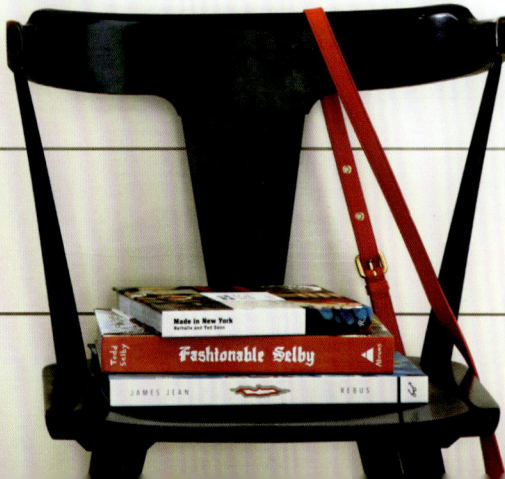

打理你的收藏品

（或开始你的收藏之旅）

你是否天生喜好收集，却没人留意你的这项爱好？也许你的收藏品能否引人眼球，完全取决于你怎样打理它们。对于不能单独站立放置的小件家居物品，考虑给它们装个框子吧。你可以把几样小东西装在一个框子里，也可以选择单独装框。然后，你可以将它们挂起来，把墙壁装饰得像是画廊似的。对于某些大量的收藏，做一个编目系统，这样可以把其中最好的用于展示，而把其他的那些收起来。当你厌倦了原先用作展示的物品时，也可以轻松地用其他物品替换，得到焕然一新的效果。

你现在还没有收藏品吗？以下是一些给你的小建议，可以让你轻松起步：

- 在你开始购物之前，考虑一下你想要收集怎样的东西。
- 在跳蚤市场里吸引你的那件东西的基础上，进行系列收藏。
- 记住，你不一定非要收集让你着迷的东西——你只需要欣赏它的外观或背后的故事即可。
- 你收藏的物品可以非常普通。把许多最便宜、最简单的物品摆放在一起，往往能达到最好的视觉效果。即使是再普通不过的勺子，被摆放在一起时也能给人带来美的享受。

- 明确你真正喜欢的类型，然后探索能代表这种类型的家居物件。如果你喜欢茱莉亚·查尔德（Julia Child）[1]，你也许可以收集古董法国盐瓶。
- 你想收集的物品越具体，一切就越有趣。虽然如此，但如果你的兴趣太过小众，你的收集之旅将需要花费许多时间和精力。
- 别把你找到的每个茶杯都收集起来——确保你收集的每样东西都有其独特之处，能为你的系列收藏增添色彩，而非仅仅占据空间。

①美国著名厨师，以制作顶尖的法国料理闻名。——译者注

步骤 5: 现在开始，根据你的癖好进行设计

每个房间都需要一些风格随意的物品，用于激起人们的兴趣，使他们驻足，让房间不至于看起来过分完美。你手头也许已经有了这样的物品。看看你的身边。当人们走进你的屋子时，他们首先评论的是什么东西？是你从跳蚤市场买回来的大幅飞船画？还是一个虽然骇人却充满魅力的女性面部雕塑？你与众不同的兴趣或念想是什么？

花时间想想你与众不同的癖好，拥抱它。它将防止你的屋子看起来像房屋设计目录上的复制品。同时，它将使你保持对房间的兴趣。如果你的屋子使你觉得厌烦，那么无可避免地，它将使其他所有人都觉得厌烦。收集这些能满足你的小癖好的东西，供家居设计时使用吧。

步骤 6: 购置物品

现在，你应该知道自己已有的物品中少什么了。是那些诸如花朵和艺术物品等可以用于修饰其他收藏品并使房间生机勃勃的可爱小细节。为了给杂志取景做准备，我们风格设计师常常会放上数不完的书籍、植物、艺术品、灯饰、容器、日常用品、枕头、毯子、眼镜甚至食物。我们买来了不计其数的漂亮玻璃水瓶（常常是法国产的），也买来了许多柠檬——经过挑选的带有叶片的柠檬。我可以对柠檬的叶片进行修剪，让它们自然地垂在手工碗的碗口。未来的风格设计师们，请记住：任何东西都是一样，越是处于自然状态，就越是好看。譬如，经过烘焙的大块乡村面包、木箱子，或者一些书——书套已经掉落，露出好看的亚麻书皮。

步骤 7: 着手布置

现在，是时候对你的第一个小场景进行风格设计了。放段音乐，让创意流淌，从一个角落或表面开始着手。在设计下一个小场景之前，集中精神进行手头的设计。尽管整个过程是有趣的，但把一切打理好所花的时间可能比你想得要长。回忆一下第 2 章的内容，用上我介绍的"3 者法则"，用对比的方法创作你的第一个小场景吧。当你完成了一个小场景的设计之后，可以进行下一个小场景的设计，记得让不同的小场景之间彼此关联（记住，你在整个屋子的设计中都要寻求平衡）。

在这个过程中，你可能会纠结于细节，但别让一切看起来太过完美。无须把每个枕头都拍松软，也别把你的沙发毯叠放得太过整齐。让它们都松松垮垮地放在那里，看起来像有人居住就好（这样一来，客人们不会觉得太过紧张）。风格设计师甚至会把一瓶水或一罐果汁装满三分之一或三分之二，但不会装满一半（哈！），也肯定不会装满全部。因为半瓶或者一瓶都不是"自然"或"生活"的状态。我个人最喜欢摆上还余下三分之二的饮品。是的，我会倒出另外的三分之一，然后喝掉。这是我的一点强迫症，但所花的工夫是值得的。

步骤 8: 用相机捕获精彩瞬间

一旦你完成了对房间的风格设计，你可以退后一步，看看你的作品。但是，想要找到哪些地方需要在布置上做出微调，唯一方法是用相机拍下你的设计（这提供了最客观的审视房间的方法）。你甚至无须用昂贵的佳能相机进行拍摄，只需拿出你的智能手机即可。（然后，如果你喜欢这张照片，也可以轻松地将其分享在 Instagram 上。）

完成拍摄之后，若条件允许，你可以将照片导入到电脑里——这能帮助你将细节之处放大。你可以一边看一边做

笔记：与房间的其他地方相比，这个角落看起来是否太过杂乱或太过简约？把那个小场景放在另一个平面会不会更好？需不需要把花放在房间的中央？列出一个清单，记下你觉得需要调整的地方。在拍完每张照片之后，我都会问自己：埃米莉，如果你在杂志上看到这张照片，你的视线会不会停留，觉得这是一个漂亮的屋子？如果不会，原因是什么？然后，我会想办法改进。

拍张好看的照片

关于用智能手机进行室内拍摄的注意事项，我请教了我的室内摄影师大卫·蔡（David Tsay），以下是他给出的回答：

· 从不同的角度进行室内拍摄。站在房间入口拍摄屋内全景。在拍摄家具时，使用正面镜头；在拍摄小场景时，使用特写镜头并采用四分之三的侧面镜头。这样拍摄，得到的效果就有如你站在这些物品前凝望一般。

· 熄灭所有灯光。不同的灯泡发出的光线颜色和强度各不相同。因此，在自然日光下拍摄得到的效果是最佳的。

· 不要使用闪光灯。而是买一个便宜轻便又与你的手机相衬的三脚架。通常而言，不用闪光灯的话，你的曝光会慢一些。这将避免照片模糊的情况。

· 如果你的手机是 iPhone，别忘了插上耳塞。你可以用它来操作 iPhone 快门拍照，从而能将手机放在某处进行拍摄，避免手机抖动。

· 不要借助于现成的照片滤镜。现成的照片滤镜使用者太多，拍出的照片缺乏新意。

· 对照片进行调试。Instagram 及其他修图应用能帮助你轻松修缮照片，使之更为生动。

· 将照片与他人分享。将照片分享到 Instagram 上，并附上"styled"的话题，让我们能看到你设计的屋子。

步骤 9: 修改，修改，修改

现在是转换身份的时候了，你不再是一名风格设计师，而是一位艺术总监。风格设计师总是对其设计进行反复修缮，因为他们总是被一位艺术总监盯着，促使他们不断改变主意或想出新点子。而现在，要由你来决定哪个部分需要做出修改和完善、哪个部分需要缩减规模。从你设计的小场景中拿出一些物品，再拍上一张照片，对前后两张照片展开对比。哪一张照片更好呢？重新进行风格设计，越审慎越好。

步骤 10: 更新你的空间设计

嘿！你做到了。你将喜欢你的空间，这份喜欢也许只会持续一周的时间……或许会更久一点。但是，也有可能当你每次走进起居室时，一看到那个绣着太空针塔（Space Needle）[①]的刺绣枕头或古董风格兽形面具，就会感到厌烦。你很幸运，有风格的小场景并不是像沙发、咖啡桌那样的房间里的固定物品。你可以——而且你应该——在任何愿意的时候变换细节陈设。

重新进行风格设计是对屋子进行重新装饰的最快方法，能使你的空间焕然一新。这样做最大的好处是什么？你不需要再购置新的物件，如果你不想的话。你只需要重新布置、修改、打理房间的外观，将它打造成你想要居住的样子即可。现在，是时候享受装饰的诱人乐趣了。翻阅这本书，它提供了数量最多[②]的关于风格设计的想法和技巧，以及我多年以来学到的经验。

①位于美国华盛顿州西雅图的一座观景塔。
②这实际上是未经验证的。我给吉尼斯（Guinness）打了电话，其工作人员还在跟我联系。

每个房间的
风格秘诀

第 04 章

客厅

客厅就像你家的商务名片，

使它令人难忘吧。

客厅是客人来访时消磨时光的主要场所。在客人离开后，令他们印象最深的就是你的客厅。同时，客厅是你家里占地面积最大的地方，提供了诸多风格设计的平台。本章包罗了对于客厅各处进行风格设计的建议，包括咖啡桌、书桌、茶几、沙发，甚至电视机（是的。你已厌倦了家中电视机的外观吗？不妨翻至本书第 150 页 ）。全力以赴吧，赋予客厅满满的爱，让它给人留下深刻印象。

保持宁静

如果你觉得素净意味着无聊，那你就是没见过这间客厅。各种层次的质地和对比，使得素净的配色也变得有趣了。请注意，房间中没有大块的鲜艳色彩，也没什么特别夸张的装饰——但是，你却完全被这个房间吸引。每一个房间都需要圆形物件和方形物件的结合，增加其多样性：这里不仅有一个厚圆椅垫、几个圆形茶几，还有造型自然的咖啡桌，他们为带有方形棱角的俱乐部椅、地毯和沙发提供了视觉上的缓冲效果。

A. 相称的小桌为不同灯饰提供了独一无二的展示空间。

B. 最大的灯具离入口最远，因此不会阻挡视线。

C. 不同座椅配有各不相同的抱枕和椅罩，提供浑然一体之感。

D. 皮革蒲团点缀了这个大型空间，使之摆脱拘谨感。

E. 柔软的织物、素净轻盈的背景以及石板灰色的沙发，令灯饰上原有的黑色变得柔和了。

F. 折进沙发缝隙中的条纹毯给一张普通的沙发增添了几分可爱。

为何此处的布置效果好

茶几是你在进行风格设计时，不想错过的布置界面——但是如果过分布置，你的客人会难以找到他们的饮品。为了使此处的布置有趣且得宜，我们做了以下工作：

- 我们在黑色的茶几上放了一个好看的盒子，并将灯具放在盒子上
- 为了把各处的小场景串联起来，我们在黑色的桌面上放了一个黑色物件，在浅色的木盒子上放了一个白色物件。
- 最后，我们在茶几上放了一个有自身特色的杯托。即使上面的玻璃杯被拿走，这个杯托也十分好看。

此处摆放着古怪的雕塑品，如一对交握的手或一只山羊。黑白相间的立方体色彩素净、外观精致。一株下垂的植物将两处搁架连接了起来。

1张沙发，4种布置

除去餐桌和床，你的沙发也许是家中最令你紧张的购买品。如果你在商店购买沙发，却不知道哪种风格最好时，你可以确信，买一张舒适而线条简洁的灰色沙发是最为稳妥的选择。你可以对沙发周围的布置细节进行轻微调整，或对其布置进行更新或大翻修。请尝试以下布置：

1 糖果色和当代流行艺术风格

一张普通的沙发，上方挂了一幅明亮的大幅艺术画。事实上，调色板中的粉色会欺骗你的眼睛，让你觉得沙发的颜色更偏向淡紫色，而非灰色。蒙古皮草、璐彩特桌子，以及时尚书籍等精美物品相互组合，使沙发成为与姑娘聊天的甜蜜地带。

2 黑色、白色以及木质温暖

两种色调的调色板以及一些自然阳刚的材料（象牙、木头和皮革），将这间起居室变成了一间成熟单身汉的住所。一张灰色的天鹅绒沙发柔和了原本刺目的黑白色调。大量图形的使用也使房间充满了现代气息。

3 带有传统情调的浪漫波希米亚风格

浊色包围下，一张灰色的沙发令人觉得像在乡下家里一样舒服。房间中布满安静简单的细节：一只白色有褶边的枕头，一条带流苏的薄被，布面精装的书籍。一下子，你就觉得自己离开了生活的城市，开始了度假。

4 清爽沿海风情与经典美式风情的碰撞

这张沙发一下子就变得年轻而具有波特兰风格。一张新沙发，配上具有中世纪家具风格的木质细长边桌脚，顿时有了些许复古情调。在沙发附近放上你从跳蚤市场淘来的东西，例如堆放的手提箱、一套你淘来的海景画。一下子，你就让自己看起来很有趣。

1

2

3

4

绝妙的蓝色

　　一面高饱和绿松石色墙壁（给整面墙壁涂上亮光墙漆）立刻就让这个混搭的起居室打扮得宜，具有传统气息。我们通过相配的灯饰、小桌以及椅子，使房间外观更为对称和完满。我们在房中摆了旧皮革家具、一具造型简单的沙发、一张漂流木咖啡桌和露天市场买来的粗毛毯，用于营造特别的格调，使房间轻松宜人。为了不让这个简约的空间太过普通，每个深色调都彼此联系，而不孤立存在：咖啡桌、画框和窗帘是木色的；沙发和椅子是红色的；皮椅是棕色的，地毯上也缀有棕色。一切都是经过组织的，看起来却毫不刻意。

A. 画廊墙的布置使墙面有如一大件艺术品。

B. 画作收藏品的中心点位于视平线上。

C. 画廊墙距沙发10英寸①远，使人们坐在沙发上时，头部不会撞到墙上的艺术品。

D. 边桌的高度恰好，拿饮品很方便。

E. 灯盏离地面的高度大约为60英寸，此高度便于阅读。

F. 红色的花朵、毛毯和装饰椅与绿松石色的墙面完美互补。

①1英寸等于2.54厘米。——编者注

上页所示 边桌的三层搁板布置各异，但它们使用了相同的色调。我们在下面那层搁板上放了两堆物品，在第二层搁板中间堆了一叠书，并在上面那层搁板上放了一些小物品。

拍照技巧（本页所示）拍摄大型单件物品时，注意这件物品周围摆放的其他物品也是相当重要的。接下来，我将告诉你，我们是怎样完成这张椅子的拍摄的：

- 不要忽视背景中可能抢镜的物品；我们将照片中的这盏台灯移了过来，使它不会阻碍人们欣赏这件艺术品。
- 我们把一个篮子拉到角落上，使沙发右侧不那么空空荡荡，让视线有落点。
- 椅子扶手上的毯子打破了皮革原本的褐色，将墙壁的绿松石色带进画框中。
- 米黄色、木纹和皮质表面阳刚的中性基调平衡了绿松石色和红色搭配而成的女性化配色。

有的时候，一个书柜就是为了用于放置书籍。我们将这些书按主题分门别类，然后放在不同的高度，使它们看起来整齐美观。我喜欢将书脊往书架里面推 1~2 英寸，将它们摆放得整整齐齐。这样一来，一切更加有序。当你需要打理很多不同大小和颜色的书籍时，这个方法特别管用。

书架布置基础：
4 种趣味小场景

就书架的风格设计，我写了好多博客，也录了无数视频。人们常常认为书架布置并不容易，我能理解这种想法。你的书架拥有许多的平面，因此也许是你客厅中最难整理和布置的。大多数人的书架可能堆满了书籍、DVD 以及他们在旅行途中带回却不知该陈列在哪里的各式宝贝。是时候了，花点精力收拾一下这乱糟糟的一切吧。以下四种小场景向你展示了书架设计方法，告诉你书架不单单可以用来放书。

1 稍加控制

在书架设计方面，你的第一反应也许是多放些书，增加些其他平台，给书架布置打基础，另一种方法（几乎是对立的）则是在一个搁板平面上布置一些小的艺术品。这样一来，你可以轻松地看见每件物品。第二种方法也同样有效，但更适用于布置低层的搁板，使之可以得到充分的展示。

2 挂在那儿

尝试在书架搁板间挂上艺术作品，加入新的维度，打破书堆原有的单调。请确保艺术作品的突出显示：画框中下垂的木质链条以及灯具的一部分都有益于艺术作品的突出显示。

3 用上你的话语

印有诙谐言论、引述、祷文的设计能够引起客人对你书架的兴趣，效果甚至比某本特定的书还要来得好。你可以选用经典的标语，如"保持镇定，坚持下去"（Keep Calm and Carry On）。或者，你可以选择一些更具新意、更为随意和朴素的东西（这样一来，你就不会很快觉得厌倦）。

4 保持简洁

请记住：在堆放小物品时，将色调相近的物品摆在一起会使一切看起来更为井然有序。在每层书架上放上一至两种颜色的书籍和摆设。图 4 中斯堪的纳维亚风格的装饰品将白色与实木色搭配在一起，看起来简洁清爽。

多多益善

　　图中的客厅设计是为了满足极多主义室内设计者的需要，证明了即使在屋子里放满各种家具和饰品，也能达到良好的搭配效果。虽然放满了物什，屋中的每个细节却都被精心布置了。无论是沙发毯、艺术品，抑或是书架上的收藏，都是一样。

A.会话区铺上了一大块剑麻地毯。

B.一小块彩色土耳其基里姆地毯叠放在剑麻地毯上，为屋内的布置添加了色彩和个性。

C.位于书架两侧的肖像颜色相近，具有平衡感。

D.一个大书架填补了高高的天花板留出的空间，在沙发背后的各种布置中占据焦点位置。

本页所示 此页中的主题马头灯被两侧的殖民风格藤椅围绕。此布置表明窗户旁的地带是用作会话的区域。为了保持传统风格，两侧的藤椅及布置在上面的抱枕应保持一致。但是，太高的对称性也会令人厌烦——所以，请确保这些抱枕具有自身风格。

拍照技巧（上页所示） 将窗户打开常常使一个房间（以及该房间的照片）更加迷人。这样一来，窗框的线条就被打破了，更多的光线得以进入，让这个房间更加舒适合宜。然而，也请避免太过强烈的光线，因为那会妨碍你欣赏房中的各种布置细节。

Banksy

BEACH HOUSES FROM MALIBU TO LAGUNA

Social work

ATLAS OF HUMAN ANA

AVE   ·   IN THE AMER

THE KINFOLK TABLE

AXEL VERVOORDT

Klein   Modigliani Beyond the Myth

如果你有图中的地球仪似的大件收藏品，将它们放在一起展示往往能讨人喜欢，但也别忘了添上一些其他的物件和书籍，让这处小场景看起来清新自然。书架中有一些宽敞的格子，里面挂上了油画。而摔跤头盔和保龄球瓶等老式物品也起到了雕塑品的作用。

画廊墙 101

花少许时间检索一下 Google 或 Pinterest, 你将会找到十来个布置画廊墙的
方法。其中包括根据纸上画出的框架在地面上摆放画作, 看看画廊墙的布置效果,
然后再进行正式布置等一系列复杂的流程（对此, 我也曾在博客上写到过）。好了,
现在我将告诉你更加简便的方法, 花时间一步步地将画廊墙布置起来。

- **收集你的艺术作品。**你无须按照特定顺序排列这些作品, 只需盘点你想要挂起来的作品即可。

- **找到一个能放下这些作品的地方。**如果将整面墙壁都填满, 你的收藏墙就能达到最佳的视觉效果。所以, 请在你的空间和收藏之间寻求一个适当的平衡（也许, 你可以添上一些相框, 放上近期的旅行照片）。

- **确保你有许多不同大小的艺术作品可用于布置。**从超大的抽象派作品到 4×6 英寸的相框（甚至更小的）。多样性是有益的。

- **收藏指向不同方向的艺术作品。**你想要, 也需要垂直方向、水平方向、方形甚至是圆形艺术作品, 用于创造最具活力的画廊墙。

- **找到你的锚点作品。**你希望进入屋子中的人第一眼看到的是哪幅作品, 做出决定吧。小提示: 也许是其中比较大的一件。

- **不要把你的锚点作品挂在中央。**这是一个重要的技巧, 防止你的锚点作品压倒画廊墙上的其他作品。这样一来, 所有的作品便可搭配得宜, 融为一体。

- **开始悬挂剩下的作品。**根据锚点作品的位置, 开始悬挂剩下的作品。将大件作品与小件作品错落放置, 使各种尺寸的作品均匀散布在锚点作品周围。

- **注意色调平衡。**请确保你没有将黑白艺术品放在一边, 而将彩色艺术品放在另外一边。将各种颜色平均地散布开, 使你的视线能够在不同作品间移动和欣赏。

- **不用受到空间的限制。**让作品布满整个墙面——从沙发到天花板, 从一个角落到另一个角落。别害怕把作品挂得太高或太低。

收集艺术就像观看热播电视剧: 当电视剧好看的时候, 你怎么都看不过瘾。所以, 请努力戒掉这种瘾, 不要觉得丢脸, 慢慢来。但是, 如果布置得有些糟糕, 你应该少花一些精力, 转而专注于其他的事情, 直到你喜欢的 "电视剧在秋季档重新上线"。

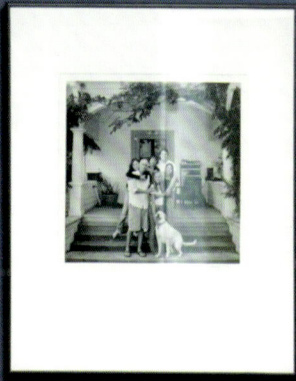

量多取胜

此处是一部格子形艺术墙的大片：充满了戏剧性和浪漫感，有如蓄着长发的弱势男人挥舞着刀剑。这是一幅史诗般的作品，令人惊叹。复古的植物画以相同的方式装帧，一格格地陈列在地面与天花板之间的墙壁上。此番布置创造了无与伦比的戏剧感和影响力，我们都应进行尝试。坐卧两用长椅上垫子的小型条纹图案与一幅幅格子状的植物画形成对比，在某种程度上，这一幅幅植物画本身就好像一个大型的图样。这个房间中的每一个细节都渲染了植物主题的画作效果。

A. 大大的绿色抱枕被放置在两用长椅的两侧，吸引人们的视线。

B. 一堆小抱枕也被放置在两用长椅上，避免布置过于对称。

C. 相配的台灯，其方形基座和灯罩与画廊墙上的矩形画框相互映衬，营造了强烈的对称效果。

D. 两张临时茶几被放在一起，组成了咖啡桌。

E. 瓶中的花朵及具有戏剧效果的皮草毯子突出了沙发的存在，使其不因抢眼的画作墙而被遗忘。

此处的小场景有些神奇。天鹅绒抱枕、皮
草沙发毯以及沙发的木质细节与植物画柔
和、天然的主题相互映衬、彼此呼应。

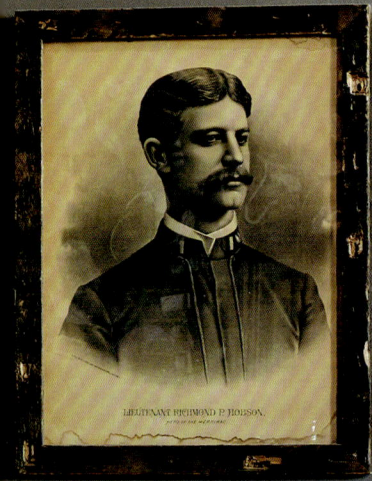

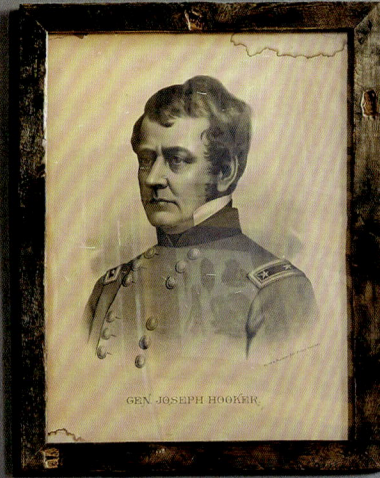

LIEUTENANT RICHMOND P. HOBSON.

GEN. JOSEPH HOOKER.

B

C

A

1000 LIGHTS
VOL.1
1000 LIGHTS
VOL.2
HEATH CERAMI
FIGHTER
KELLY HOPPE
FORNASET
PARIS/NEW YO
INDUST
Rodney Graham

你好，帅哥

（上页所示）切斯特菲尔德沙发（Chesterfield sofa）[①]以及现代印花枕头柔和了原本忧郁的空间。此布置适合于一边观看 PBS 电视台，一边抿一口低球杯中的苏格兰威士忌。阳刚化的格调弥漫了整个房间，包括镶嵌着银版摄影相片的照片格以及一个牛皮沙发枕。两个复古柱子是摆放收藏品的基座，收藏品（很明显，它们依然是符合主题、具有阳刚线条的半身像）上覆有玻璃罩顶，一下子就能吸引你的注意。

A. 沙发已进行了丰富的风格设计，旁边的搁脚凳上放着一条暖暖的沙发毯，供在寒冷的夜晚使用。

B. 尽管对比鲜明，但由于颜色相近，枕头的印花图样仍然与地毯的花纹彼此协调。有的时候，对比越鲜明，布置效果越好。

C. 此处的植物充当了雕塑作品，搭建了沙发和柱子之间的桥梁，柔和了整间屋子的布置。

本页所示 我们在柱子上放置了一些珍品。并罩上了玻璃罩顶，营造美术馆的感觉。钟形的玻璃罩顶把其中的物件烘托成了艺术品，给你的客人创造出了小小的探索世界。用歌手碧昂丝（Beyoncé）的话说："如果你喜欢它，那就给它罩上一个罩顶吧。"

①靠背、座位和两端扶手都有垫料的长沙发。——译者注

肖像画：与我喜爱的艺术品面对面

手绘原版肖像画是一种传统风格的墙壁艺术。虽然此项艺术可追溯到几个世纪前，但用在现代家居设计中，也不会让人觉得过时。事实上，我觉得只要面孔的画像能引起你的共鸣，这些画作就能给墙面添上许多个性（这样说毫不夸张）。记住以下这些建议，买一两张肖像画回家吧。

- 在跳蚤市场的一堆物品中淘些便宜的画作。通过绘画作品的点缀，赋予相框新的生命力。

- 你不一定非得使用家人的肖像画。如有必要，陌生人的肖像画能为你的屋子带来新的生机。

- 寻求古怪画作有时候比寻求珍贵画作的效果更好——你会想画作中的主角在想些什么，或者会忍不住发笑。

- 根据配色来选择画作；选择一幅与你房间色彩设计相衬的画作。

- 如果画作是包装好了的，就不要再花钱买相框了——未完成的风格完全是市中心画室的样子。

- 在同一个房间里挂上许多肖像画，使它们相互混合交融（但不要把其中的哪一幅布置得过分抢眼）。

清新的布置

　　这个房间让我想要加入一个乡村俱乐部。房中精心装饰的皮沙发与旁边放着的黑白格子布装饰椅，透露出了英式乡村风格。房中布置一张大沙发并不意味着你需要在上面放满物品。有的时候，沙发"不想要"很多抱枕。在这种情况下，我们在沙发的一边放置了两个抱枕，在另一边放了一条沙发毯。两只抱枕在视觉重量上较为轻盈，而沙发毯则较为厚重，彼此映衬，沙发的设计效果会较为平衡。

A. 一张光滑简单的咖啡桌，很快就使一旁的古典沙发变得具有现代感了。

B. 沙发上的格子布沙发毯以及花式抱枕仿照装饰椅的图案，让不同的沙发彼此关联起来。

C. 这整个系列的家具都融合在一张地毯上。十分成功。

D. 圆形托盘与又大又方的咖啡桌形成对比。

E. 这张中性的地毯依然有一些质地和颜色上的变化。

F. 蓝色灯罩十分抢眼，将你的视线吸引到房间另一边。

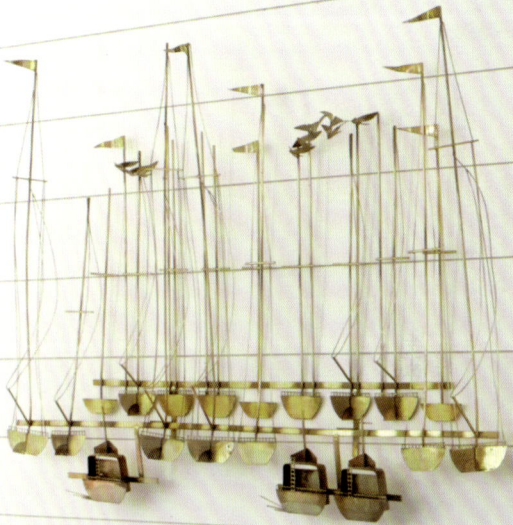

JASPER CONRAN COUNTRY

INTERIORS Mary Thompson

LA FORMENTERA

我最喜欢的色彩组合之一是蓝色和金色。这两种色彩在颜色轮盘上的距离较远，完美地彼此互补。深蓝色相当阳刚，金色则柔美炫目——这样的搭配就像影星乔治·克鲁尼（George Clooney）和女演员凯特·布兰切特（Cate Blanchett）的结合。看看，这两盏灯被这样组合在一起是多么好看啊！我们还放了一把黑色的单椅，有助于人们把视线落在灯罩上。虽然黑色和深木色不常被搭配在一起，但我们还是将黑色的书放在了书柜上，加强黑色单椅的装饰效果。

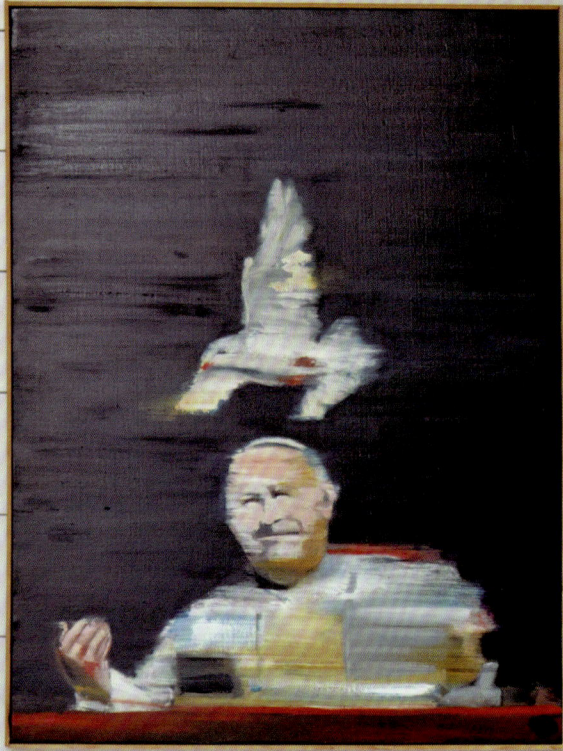

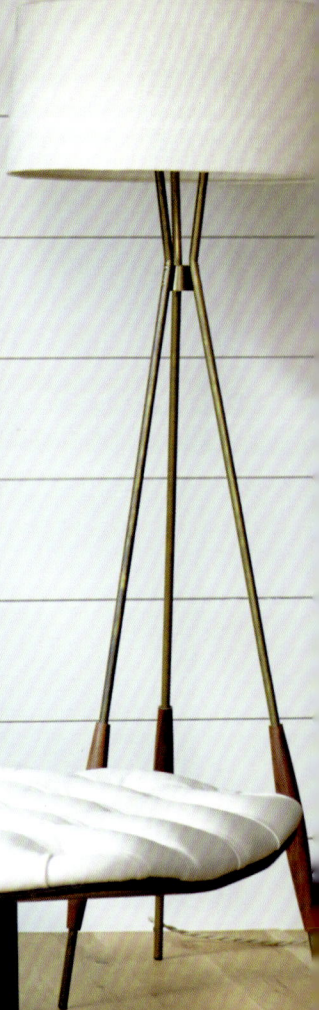

上页所示　此处是屋中角落具有戏剧性的一处小场景，放了一件极好的家具。20世纪60年代普利克拉夫特公司（Plycraft）设计的休闲椅以及搁脚凳放满了这个角落——不需要更多的装饰了（除了坐在上面的我，假装这是我的所有物）。

本页所示　如果艺术画不是很宽，就避免将其放在中央。这样一来，这幅放在落地柜上的画作就不会看起来太小。收扩机是赶时髦的人最喜欢的，但却会让风格设计师觉得碍眼；将一个颜色相近的花盆放在上面，能够减弱这种碍眼的感觉。

现代马拉喀什（Marrakesh）

欢迎来到"放松小镇"。人们说："不知道，别在意，我只想到那里去。"当你在白色和米黄色的斯堪的纳维亚基调中做轻量布置时，你很可能设计出风格丰富、令人激动的风格。此处，具有层次感的布置与骆驼雕塑、矮凳及编织篮子的整体设计感相互呼应。无论你转向哪里，感受到的都是舒适的感觉。触目所及，便是从椅子上垂下来的野生皮毛，或是藏青色棉绒装饰布，抑或是不规则的短绒地毯。最妙的是，没有什么能把人们的注意力从银湖旁的壮丽群山上移开——没有电视机，没有窗帘，甚至没有太多的艺术品。当你得到了好东西时，你是知道的——你不觉得有什么阻隔在你和这样东西之间。

A. 在温暖的房间里，皮草是有趣但出人意料的细节布置。

B. 无须在电视柜上放电视机，代之以引人注目的饰品，作为此处的装饰焦点。

C. 长桌需要饰以多样的简单小场景。

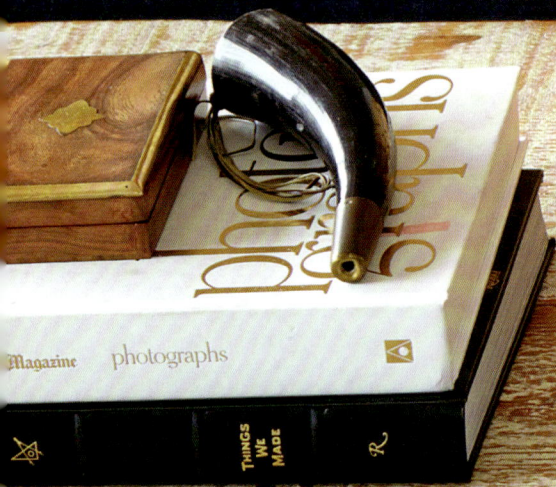

一张长长的咖啡桌给你提供了展示个性的平台。在装饰品的摆放上，不要局限于基本的书籍和花朵，而是添上一些自己喜欢的古怪东西。井字游戏盘可以提供给孩子们，让他们能随时拿起来玩耍，用冰棒棍制作的篮子则展示了夏令营里学到的新技能。从附近海滩上得来的纪念品——一截漂流木——则被自信满满地放置在两本艺术书上，进行展示。

YOU
YES YOU

Middlesex

STEVE JOBS

NOTHING
BETWEEN
US

ONLY SKY
ABOVE
US

上页所示 如果你是一个极简主义设计者，却又有收藏癖好（或者有一个有收藏癖的伴侣，祝福他），试着把你的好看物什放在独立空间中吧。一个内置书架正适合你——请确保你知道处理收藏品的方法。在内置书架上，有的搁板用来放置根据颜色排列的书籍，而另一些搁板则被用于摆放物品。请记住，使用相近的配色，你就离成功的风格设计近了一大步。

本页所示 起居室外的空间是另一个休闲的去处。你只需要一张适合各种天气的地毯、一个玻璃水瓶、一些易于打理的植物以及一条舒适的沙发毯，就可以将你的户外生活和家居生活连接起来。

壁炉架：
前世今生

准备好风格设计的戏法了吗？在我们刚开始对这个壁炉架进行布置时，你也许没有注意到它细微的变化。但是，风格设计足以使它改头换面。下面就是我们所做的：

· 我们将扬声器和古董唱片放到壁炉左侧，制造其与壁炉右侧的木材和工具之间的平衡感。

· 烛台系列收藏被分散放置。

· 从壁炉架垂下的常春藤填充了壁炉的空白地带。

· 我们将原本放在壁炉架上的小鸟雕像换成了一个矮矮的卧式篮子——小鸟雕像和长长的壁炉架比起来，感觉上太小了。

· 别担心，我们没有弃用小鸟雕像，而是将它放在一摞书的上方。我们将这些书叠起来，以平衡壁炉架上右边的摆设。

就是这样！体验风格设计的魔力吧。

本页所示 阳刚和阴柔的风格是可以和谐共处的。就像本页图片中所展示的一样，一架漂亮的钢琴与兽皮放在一起。如果你觉得倾斜的椅子太过女性化，别忘了添加一些阳刚的细节，以缓和这种阴柔感。

波希米亚式自然主义

（下页所示）有些人喜欢在家里放很多东西，另一些人却不喜欢。如果你不是喜欢简单风格的人，或许也可以拥抱你所有"疯狂"、美妙又古怪的物什。我保证。下面是一个使用波希米亚风格布置的极佳例子。一张吊床甚至取代了单椅——我说的是临时的座位！在这个最大化的设计空间里，暖色调被铺陈在冷色调之上。沙发上的西南风格图案与摩洛哥手纺纱棉毯相互交融。

A. 如果你的设计风格如图中一样信马由缰，同时又不十分注重隐私，那么请不要在房中装上窗帘。这样一来，人们的关注点就停留在其他物件上了。

B. 三件一组的三角形艺术品、高高的灯饰与植物将你的视线引向特别高的天花板。

C. 一条最喜欢的毯子被覆盖在沙发上，衬出特别随意的氛围和充满情趣的图样。

D. 屋子的顶部并未挂上枝形吊灯，而是挂上了一大截树枝，树枝上面钉着小灯泡。这样的设计跟房间的总体设计相符。归根结底，这间屋子是位于俄勒冈州的。

复古牧场

    大块的复古牛皮使一间单调的中世纪风格房间透出了悠闲的情调，十分符合屋子的牧场风格。如果你和这个家的主人一样喜欢木纹，不妨将木纹作为你的主要配色。然后，再点缀上些暖色调，如红宝石色和米黄色。

A. 一块长条地毯被铺设在通往客厅的地面上，这块地毯的颜色与客厅中地毯的颜色相同。

B. 双层桌子给你提供了双倍的平面区域，用于展示你的物件。

C. 长长的落地柜上，两盏相同的灯饰之间摆放着不同的器皿。这两盏灯为原本不拘一格的奇妙搭配添上了些许平衡感。

本页所示 一张矮矮的懒人椅和一个书橱绝佳地装饰了闲置的墙面，多提供了一个读书或者沉思 "为什么洛杉矶人对果汁这般喜爱" 的场所。大幅的艺术画、咖啡桌上的书以及室内植物都邀请你在此处消磨时间。你也可以将最近看的言情小说、沙发毯、多余的抱枕或其他物品放在书橱柜子里，让自己可以在此处多待一段时间。

下页所示 为了给中世纪的美学设计添上些许新意，我们在房中摆放了拱形灯和用旧了的纺织品，用于舒缓由咖啡桌、画框、叠在一起的边桌以及沙发扶手的几何线条所带来的坚硬感。

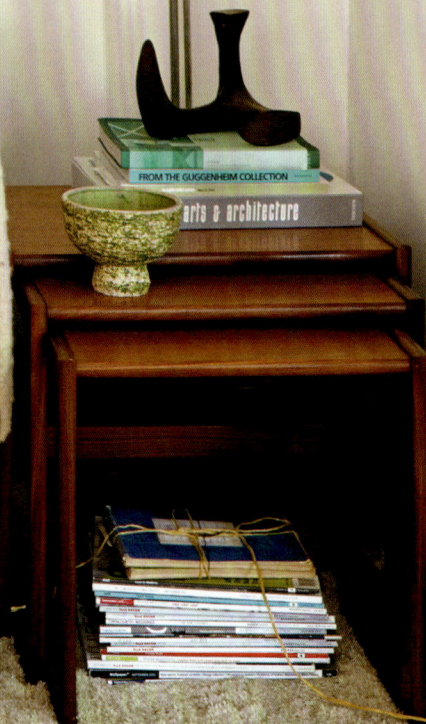

一张圆形咖啡桌与组合式沙发前方的弧形区域完美契合。桌子上放了大型植物与艺术书籍，制造视觉效果上的厚重感，与大件沙发相匹配。这就是风格设计的作用——它通过改变物品周围的环境，来改变你对物品的看法。

拍照技巧 包和鞋子不仅可以放置在入口处——有的时候，它们可以作为舒适休憩处的标志。将包和鞋子放在此处，暗示着你想要走进屋子，将身体沉进大沙发里的迫切心情。

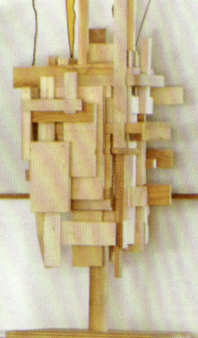

如何隐藏那个电视机

每户家庭都有电视机。我们都看电视。但为什么要让那个大大的黑色长方体毁了你为房间风格设计所做的努力呢？记住以下一些小技巧，充分发挥其他媒介的作用，让电视机不成为人们关注的焦点，使你的设计空间最大化：

- **将电视机纳入你的画廊墙设计中。**在放有电视机的那面墙上，多挂些色调相近的艺术画（关于画廊墙的设计，可参见本书第120页）。如果你有黑色的画框，就更好了。这可以使电视机更好地融入画廊墙中。在开派对之前，不妨在墙上挂一幅好看的风景画，让它成为画廊墙的一部分。

- **在电视机旁边放上架子。**将电视机嵌入墙面，或将它放在落地柜上。接着，在电视机的两边放上架子，使电视机所在的墙面成为焦点所在（宜家出品的 Billy 系列架子提供了许多尺寸的选项，能让你的架子与空间完美匹配）。用摆设和艺术品对这些架子进行设计，电视机就很难再成为人们关注的焦点了。

- **对墙壁进行粉刷，或给墙壁贴上墙纸。**深色可以将电视机很好隐藏起来。如果不打开电视，你甚至很难发现它的存在。确保放在墙上的所有物品都是白色的或亮色的，与墙面的深色形成对比（你总不希望自家的墙面像一个黑洞吧）。

- **将电视机藏在艺术作品后面。**这需要我们进行一些设备的安装。但是，如果方法得当，你可以通过 Netflix 点播节目，然后将加框的艺术作品从电视机前移开。请确保你的画框足够厚，能够覆盖整个电视机（我建议选择5英寸厚的画框）。我用钉板条做出了这样的画框（你可以在家居连锁店"Home Depot"买到它们），接着，我采用法国挂板系统将画框挂在了墙上。虽然此方法需要花一些工夫，却非常适合那些很讨厌看到电视机、坚决要使用DIY方法进行掩盖的人们。

- **在电视机前面放一个好看的屏风。**如果你的电视机挂在墙上空出了地面的空间，那么你可以在电视机前放一个折叠屏风，阻隔人们的视线。如果朋友们来家里看电影的话，你正好可以移开屏风，让电视机展露在大家面前。

- **用好看的纺织品将电视机覆盖起来。**选择经典漂亮的纺织品。譬如，你可以选择一块漂亮的布或者一条古董挂毯，用环形挂钩将它们悬挂起来。若你想看电视，把它们拉到一边即可。

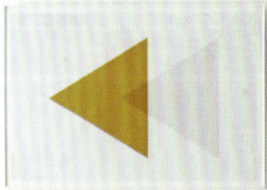

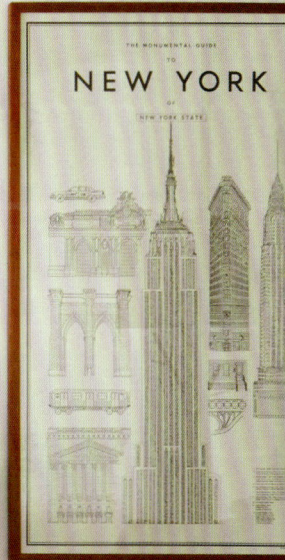

第 **05** 章

门厅、角落及
创意空间

精心布置这些空间，
让房间设计返璞归真

房屋的入口处、门厅以及家庭办公室都是需要花大力气布置的地方——虽然这里是我们日常放东西的地方，但也往往是装饰时被忽略之处。多么可悲啊。为什么不尝试将这些空间变得实用有效、富有风格呢？给予这些狭小空间应有的关注，你可以借此向你的朋友们展示自己在设计上的出色天赋。下面，我将告诉你一些方法，教你如何美化走廊上的落地柜、打理屋子的入口处，以及如何让家用办公桌成为你的灵感之源。通过这样的布置，你就可以告诉老板说自己要在家工作了（如果周一正好是新年的第一个下雪天的话）。

创意大杂烩

　　你很可能把最重要的东西扔在房间的入口处，那为什么不将东西放得整整齐齐，放一个小桌在入口处呢？这张小桌的内部能收纳东西，顶部又有置物平台。一盏台灯最适合迎接晚归的你（换上一盏台灯比继续使用顶灯来得更合适）。这个屋子的主人没有在入口处放一面整装镜，而是放了一大幅艺术画——这幅艺术画能让进来的人一下子就产生灵感。

A. 一个漂亮的垃圾桶是垃圾信件的隐匿场所。
B. 将一幅艺术作品置于另一幅艺术作品前面，给人一种随意的感觉。
C. 植物的枝丫正好在高高的灯盏和水平的托盘之间，将它们和置于托盘上的艺术作品连接起来。

这个入口处的托盘上放着一组精心设计的
盒子和更小的托盘（存放着钥匙、硬币、
手表和钱包），看起来很漂亮、很整齐。
一个拼贴工艺的杯子里装着眼镜，便于在
出门时顺手拿起。

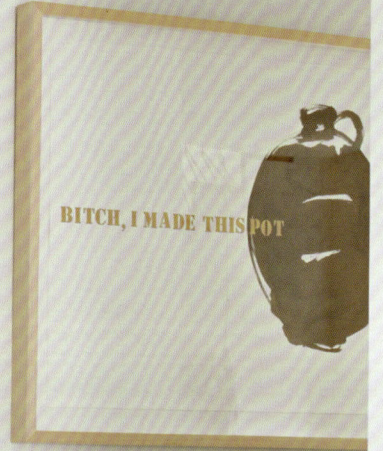

BITCH, I MADE THIS POT

为什么此处设计是巧妙的

这里包含一些有用又可爱的装饰。下面是布置细节：

- 一个小托盘上放了一个皮包、几把钥匙以及插有美丽植物的花瓶。
- 此处的毯子使横板看起来不像那么长。人们可以坐在柔软的毯子上脱鞋。
- 请观察三个包和鞋子的皮革是如何让整个空间变得温暖起来的。
- 墙上的艺术作品简单超然，让离去的客人情不自禁地微笑。

本页所示 在门厅布置一处小型画廊墙，让挂在地面与天花板之间的艺术作品营造出人意料的效果。一张色调柔软的地毯让人觉得这个空间宽敞而有质感。

落地柜风格设计：
从着手到完成

无论是在门厅、起居室还是餐厅，一个落地柜都可以帮你有序摆放物品，同时也为你提供了绝妙机会来展示自己在风格设计上的天赋。我们先简单摆弄一下物品，接着确定了一种有层次的摆放方式。下面是此处的布置细节：

1 将落地柜的表面清空，一切从零开始。

2 几幅艺术作品是最为重要的布置，所以要优先考虑。右侧的肖像画与其他两件分开放置。

3 我们在落地柜上放置了现代灯饰，布置了木碗、书本以及花瓶等细节，与艺术作品产生对比。同时，我们将右侧的肖像画换为尺寸更小的画作，以加强对比效果。

4 我们将落地柜上的东西放得更紧密些，达到山脉式的设计效果。最后，在花瓶中插入少许羽状花朵，将艺术作品与柜子上的物品连接起来。

A

B

C

D

E

F

A. 舒适的内置长凳，让客人们可以坐在此处脱鞋。

B. 几个抱枕被放在长凳的角落处。

C. 墙上的两排钩子给客人们提供了充分的挂置空间。

D. 毯子被折叠好隐去边缘，看起来干净整洁。

E. 即使没有小桌，一个用于放钱包和钥匙的托盘也是不可或缺的。

F. 最后一个立方格中放了透明的空玻璃瓶，显得整洁有序。

本页所示 有时候，你刚一进门就要换下衣物——在这种情况下，挂钩十分有用。我喜欢这只放在地板上的包，在漫长的一周工作后，它能唤起我们出行的欲望。从门把手上垂下的项链昭示了房间主人的装饰风格：没有哪处的布置是必须得小心翼翼、正儿八经的。在你因为追赶时尚而精疲力竭前，尽快将酷的东西展示出来吧。

布置妥当 + 万事俱备

一些物件被放在一个经典的小角落里，它们是你出发去海滩或前往马里布城（Malibu）过周六的必备物品。若入口处的布置不那么齐全，你仍可选择一处安静的置物角落。一进屋，你便可以把一些必需品放于此处。只需搬一张矮凳或搁脚凳，再拿一块悬空搁板，你就可将这个角落布置起来。

拍照技巧 包、鞋子和毛衣不仅有助于展现你的个人风格，也能向人们展示家具的功用。

欢迎，孩子们！

这个玄关直接通往厨房一角，看起来井井有条，妙趣盎然。这里放了一张长凳，也放了一个用于放置杂物、填充空间的篮子。此处的黑板可用于娱乐，上面没有记事贴，也没有精心设计的粉笔艺术画——有的只是孩子的草图、游戏时的涂鸦以及亲笔写的"欢迎光临"。

A. 一个乡村手作风的篮子，用于存放杂志和垃圾信件。这个篮子的布置真是巧妙，为此处加了不少分。

B. 长凳上的软垫作用不小，使人们更愿意坐下来，换下自己的鞋子。

C. 此处的鞋子不是随意放着的——它们展现了屋主有趣随意的风格。

D. 黑板槽可用于搁置艺术品和照片。

E. 从后院折来的一株植物枝条，高高地靠在墙角，有如一个大型花卉摆设。

163

6 件好东西，
欢迎主人回家

结束了一天的紧张工作后，由于交通拥堵，你花了很长时间才回到家。因此，别亏待自己。一回到家，就给自己一些物质上的享受吧：

---

1 便宜但悦目的花朵

几乎人人都喜欢花朵——众所周知，花朵能让人打起精神来，但我们在家居布置中却常常忽略了它。

2 一块长绒地毯

在将地毯买回家之前，先检查一下它的材质。入口处的地毯不妨奢侈华美一点——一进门，这块地毯就能拥抱你的脚趾，好像在跟你说"欢迎回家"。

3 一张小桌

你可以选择有收纳柜或置物台的小桌，也可以选择两者兼备的桌子。这个地方就像你的私人管家（让你每次出门的时候，都准备妥当）。

4 一张长凳或两把单椅

将鞋子脱在门口能帮你节省一些拖地的功夫。但是，若你没有将鞋子整齐堆放在门口并在旁边放一把舒适的椅子，你的客人也许会忽略提示直接穿着鞋进屋。

5 艺术作品

想要表达自己、给人留下深刻的第一印象时，明亮愉悦的画作是成功的捷径。你的母亲肯定会对此处布置印象深刻。

6 一盏枝形吊灯

出钱买一盏时髦的枝形吊灯吧，你一定不会为此感到后悔。当安装工来家里时，让他为吊灯装一个调光开关。这样一来，你便可以依据自己的情绪调节灯盏亮度。

持久印象

　　（上页所示）这个入口处让我想早早来到跳蚤市场淘得这样的宝贝。一个老式的邮政信箱被作为小桌使用，上面放了一系列物品，而几十个抽屉里放着谁也不知道是什么的东西。此处的桌面经过风格布置，是充满艺术风格的案例——也许这个入口处的布置在功能上不那么齐全，但却能给人留下持久的印象。并且，有了精心挑选的储藏空间后，你便无须散乱摆放信件了。

四四方方的鼓形灯罩给这盏石雕古董灯增添了现代韵味。将这盏灯与意大利设计艺术家佛纳塞迪（Fornasetti）的设计作品放在一起也许有些冒险。但这些并排放于桌上的人脸设计作品虽透着古怪，却也令我们十分喜爱——就像两个参加派对的客人，彼此交谈、调情，并最终互留号码。

A. 一个抽屉上挂了一条拴狗的皮带，让信箱看起来更为坚固耐用。
B. 信箱右侧倚着一把雨伞，与皮带对称摆放增加了此处的平衡感。
C. "不见恶、不闻恶、不言恶"的塑像逐个摆放着，营造了戏剧效果。
D. 70多个抽屉由于被内置在邮箱中，并不使人觉得眼花缭乱。

D
B
C
A
planet earth
The Hotel Book
THE PLAYMATE BOOK
AUSTRALIA
cinema now
THE GREAT BOOK OF JEWELS
DIVERGENT
Dictionary
LORDS OF CHAOS
SPIDER-MAN
MIDDLESEX
THE ART OF THE MATRIX

现代图书馆

（上页所示）屋主人在这个角落里安装了一些架子，将它变成了一个中世纪风格的图书馆。书架外观被设计成内置型，搁板被刷成与木板墙相同的颜色，而垂直的铜质支架则为书架增添了魅力、加强了对比。书本有的竖着摆放，有的横着摆放——有的甚至是斜靠着，看起来十分轻松随意。最后，此处还放了一把造型座椅，供人们坐下来如饥似渴地阅读。你不想读一本好书吗？

A. 两个老式音箱被放在相对的架子上，彼此平衡却又不完全对称。

B. 书本和摆设交错放置，使此处看起来不那么拘谨。

C. 忠于中世纪风格的布置，一些植物将几丝户外气息捎进了屋内。

D. 书本或被立起来，或被平放在架子上，又或斜靠着架子。这样的放置方式使这个书架看上去像是经常被使用一样。

本页所示 一株柔软的蔓生植物中和了四方形书架的阳刚气息。

没有人会把宝贝遗弃在角落。黑色皮椅有着奢华的线条，将轻盈的翼式风格发挥到了极致。电话桌上放了一盏拱形灯，桌子旁边是沉溺于艺术书籍和杂志的好地方。

全部曲线

（下页所示）如果你正在考虑布置家庭办公区，将它布置在一扇敞开的窗户下边就是一个绝佳的选择——从上方窗户透进的光线给了你干劲，而窗外扰人的琐事又不会映入你的眼帘。这张桌子与这把椅子组合在一起，是绝佳的搭配——它们的顶部都有曲形线条，而底部又是交叉线条组成的支脚。一些用于办公的摆设更衬出了椅子的光亮表面和相对单一的色调设计，加强了此处的迷人魅力。这个绝妙地方缺的只是需要在此完成的出色工作。

A. 花式椅臂与桌子箭一般笔直的线条形成了完美的对比。

B. 深深的墨蓝色与踢脚线的颜色相配。

C. 金灿灿的灯饰弯曲成与金色椅子相对的弧度，彼此契合。

D. 一株日本枫树的枝条点亮了原本有些沉闷的木头材质，让角落处的布置丰盈起来。

E. 兰花的粉红色是温暖的亮色调，调和此处的色彩布置。

1

2

DON'T FORGET

3

GO!

4

桌面细节：
如何在家中保持条理并找到灵感

在家工作并不必然与孤独为伍——一切都要看你的方式。无论你是将家居办公区作为下班后加班的地方，还是把它当作接待和说服客人的场所，都请把此处布置得细节精妙、富含灵感。我相信，通过这样的布置，这里一定能让你的工作效率大大提升。下面是我的一些建议：

---

1 对一些必需的物品，请设计出新意，不要被条条框框束缚。例如，精致的手雕木钵可用于装名片，皮制旧骰子筒可用于放笔。千万别低估一个小托盘在桌面布置上的作用：它能让你的桌面看起来既整齐干净又典雅漂亮。最后，一个奢华的胶带座也许在商店里会显得浮夸，但能向客人展示你极具风格的一面，让他们大吃一惊。

2 在家办公时，别忘了家人。当工作显得繁重时，家人的照片能让你放松心情、恢复精神。同时，这些照片也向你的客人展示了你充满人情味的一面（也告诉家人他们是你心中最重要的存在）。如果桌子比较小，就不要用相框了，买个能夹住或支起照片的小摆设——本张照片中，我们使用的是一些有趣的木质晾衣夹。

3 如果你的工作区有许多东西，将它们妥帖摆放起来吧，这样你能更快地找到它们。本张照片中，我们使用了老式文件箱和可上锁收纳箱。这是我们在跳蚤市场淘得的宝贝，具有多种功用（如果你选择将每个抽屉都贴上标签，那就更好了）。其他用品（笔记本、涂改液和笔）被摆放得整整齐齐，随时可供使用。小巧印花纸上的"GO！"（加油！）提供了一些工作动力，十分有趣。

4 此处放着一个好看的碗，里面装满了樱桃，旁边还放着牡丹花和几幅丙烯画。这里的布置是如何进行的呢？知道后你也许会觉得惊讶！在布置你的桌面时，别仅仅放一些时髦的玩意儿，也要摆一些能激发灵感、体现个性的物件。这些物件能让你的思维漫步，帮你攻克那些需要运用创造力来解决的难题。用你喜爱的东西做做实验，看看这些东西是如何提高你的工作热情的。

本页所示 重新思考窗户的布置：不要使用窗帘，在窗台上放一些艺术作品，让窗户处的景观更美。放在此处的桌子大一些即可；桌子上放了高脚碗，增加柔和感。

拍照技巧 拍摄横向照片时，试着在水平方向添加一些相似的颜色，加强景观效果。这张照片在水平方向上放置了蓝色的碗和艺术画作，并插上了花朵，令你的视线可以在照片上游走。

下页所示 秋千在家居布置中并不被广泛使用。然而，这间房子的主人是一个作家，她希望能布置出一个古怪的空间，以激发自己的想象力。于是，她在房中布置了一个秋千，为自己的思索提供最需要的休憩空间。谁会拒绝在半空中进行一下午的"头脑风暴"呢？自然而然地，秋千给这个成熟风的空间添加了一些奇趣，也为屋主的创作生涯奠定了基调。这里的厚圆椅垫是个豆袋，大体上适合成人使用，给屋子添加了更多的舒适感和趣味性。

A.高高的枝条为房间引入了自然元素，却没有使一切显得过于突兀。

B.椅子的摆放朝向门口，让客人们感觉受到欢迎。

C.一幅大大的淡色调画作占据了整个墙面，却并不令房间显得杂乱。

办公静地

（上页所示）为什么你总是等着晋升？你只需要一大块木板和坚固的支架，就能在一个不常使用的角落建起属于自己的办公静地。此案例中，作为桌脚的文件柜黑得并不显眼。在地上放一块用旧了的老式地毯，使此处的设计更为完整、图样更为丰富——同时，也能令你感觉到家的舒适。

A. 此处的色调主要使用了黑白两色，这样的配色十分巧妙，适用于家居办公。

B. 我们使用了充满奇想的老式鸟笼梯，丰富了垂直方向上的空间布置。

C. 金色摆设与经典的黑白配色并置，体现出装饰的艺术。

D. 这株植物有助于平衡右侧的灯饰。

本页所示　在窗口挂面旗子既能营造别致的设计风格，也能为你挡挡太阳。

阅读彩虹

　　人们喜欢根据颜色来摆放他们的书籍收藏，此处提供了一个恰当的范例：在宽敞的书架上放置各种颜色的书籍。橙绿色的椅子和黄绿色的花朵为底层书架的色调布置锦上添花。

A. 桌面上的白色物品与放在下层书架的白色书籍在颜色上相似，可以与上层书架的暗色书籍产生视觉上的平衡感。

B. 一个特别厚实的台灯适合房中新颖的配色设计。

C. 陶瓷制气球狗并不常用于风格设计，却可以让你知道房间主人的有趣之处。

D. 两个长度相对短一些的书架不占用工作空间，却提供了更多平面。

本页所示 将花瓶放在相似大小的书本上，能得到最佳的视觉效果。几枝植物茎柄用来装饰花瓶就已经足够了。

艺术品

（下页所示）如果你在考虑将何处布置成家庭办公区，请记住你的办公区并不需要占据太大的空间。这个起居室中小小的嵌入式工作区由一张桌子和垂直安放的大书架组成。办公区上摆放的艺术品使它与这个屋子更相衬。同时，办公区背景墙的油漆涂层又让它成了屋中的一个独立空间。

A.这张椅子既是这间起居室中的特色布置，又可以作为办公椅使用。

B.这盏作业灯足够高，可在视觉上平衡左边的画。

C.架子上的黑色盒子里错落摆放着刊物，与作业灯产生视觉上的联系。

D.这处小场景的中间放了一个设计特别的眼状雕塑，一下子就成了书架上最抢眼的物什。

E.搁板是浅色木板，令此处空间看起来更大一些（深色木板会阻碍你的视线继续上移）。

F.蕨类植物延伸接触到了天花板，让你能将注意力向上移。

(A)

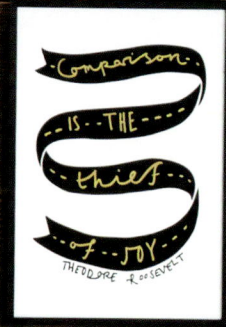

Comparison is THE thief of JOY

THEODORE ROOSEVELT

(B)

(C)

(D)

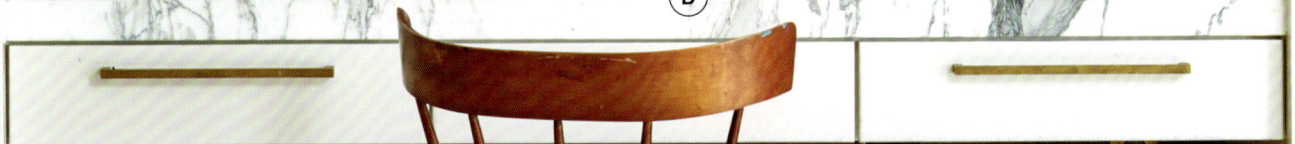

把乐趣和工作融为一体

（上页所示）深色原木镶板在这间屋子中分割出了家用办公区，该区域被内置橱柜巧妙包围。这个办公区域中，壁灯的布置十分聪明，不仅释放了桌面空间，也让桌面沐浴在光线中。

A. 你不需要给壁灯安装固定电路。这些插头也同样好用，而且垂下来的编织细绳看起来很时髦。
B. 格子状排放的艺术画大小不一且十分有趣，但使其中一些的底部对齐可以让它们看起来整齐有序。这些画作被摆放在壁灯间，有如一列方阵。
C. 有趣的马形雕像暗示着前皮士骑士风格。①
D. 奢华的大理石桌面给这个办公角落添上了恒久韵味。

拍照技巧（本页所示）桌面俯拍图给你提供了有趣的展示机会，告诉那些在社交媒体上关注你的人，你是如何井井有条进行风格设计的。诸如太阳眼镜、照片条等个人物件被摆放在桌面上，证明你不是一个太过严肃的人。同时，一张工作清单又让你的粉丝可以一窥你的日常生活。

①前皮士风格体现在赞成传统思想或行为方式等，如爱穿针织马球衫和衬衫。——译者注

巧妙的对称

　　住在这个房间中的室内设计师知道如何营造平衡感，而不使人觉得无趣。这里的桌子、椅子、搁脚凳被对称摆放，呈现了很好的镜像效果。背景布置充满艺术性和设计灵感。一个秋千摆放在最显眼、最靠前的位置，是这间设计极佳的工作室中另一个充满创意的细节。

A.将充满奇思妙想的照片和剪报贴在一个框边区域中。

B.区域的中心位置放了一个老式的六边形灯。

C.从架子上垂下来的植物展现了波希米亚休闲风格。

D.一大堆花瓶收藏将你的视线引向房屋的角落，营造出纵深感。

E.画作主人公的视线朝向相同的方向，在繁复的布置中加入了秩序感。

F.一盏从五金店买来的简单夹灯位于别致的藏品中间，一下子提升了质感。

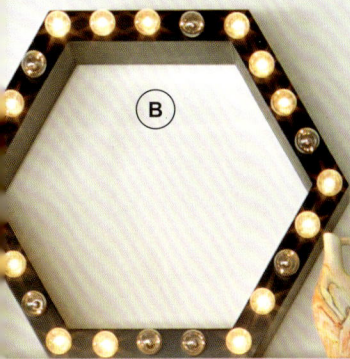

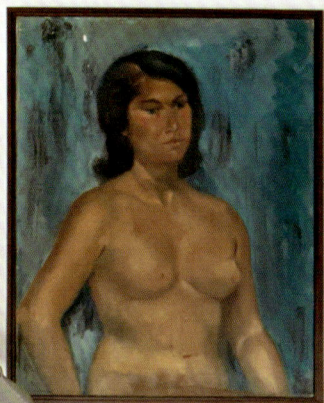

一个长长矮矮的平面适合展示大量的收藏品，比如图中的这些花瓶。一块灵感张贴板可用于整理各种富有创造性的纸张，其厚重的边框让板上的物品井然有序——从视觉效果和实用性上皆是如此。

拍照技巧 将更高的花瓶放在后面，更矮的花瓶放在前面，你的收藏会变得更富有生气。接着，把在形状上可以互补的花瓶放在一起：沙漏形花瓶被放在了左边，而宽口花瓶被放在了右边。

第 06 章

厨房和餐厅

邀请客人的艺术在于
让他们大快朵颐

在木质砧板上切好的奶酪被装在盘中，酒杯好似是从意大利淘来的，亚麻餐巾充满了法式风情，最好的宴请方法便是如此。然而，厨房和餐厅的风格设计需要营造出一种超越基本布置的丰盛感。重点不在于这个区域有多漂亮，而在于它带给客人的感觉。如果参加晚宴的客人们在佳肴美酒面前不觉得怡然自得，你便可以确定他们正在想着如何找借口脱身、去往别处。因此，当你着手设计这些空间时，请时刻考虑到最难招待的客人会有什么需求。这样一来，你就能布置出街区里最受欢迎的厨房和餐厅了。

对外开放的厨房

如果你希望厨房桌台能给客人们留下最好的印象（或拍出最佳的照片），不妨做一些简单的调整。这些调整既能提升视觉效果，又无碍于日常使用。例如，这处小场景中，前后叠放的不同砧板使原本光秃秃的厨房生动起来。而木头、大理石、玻璃和陶瓷等材质的混合搭配则营造出不可思议的质地感受，增添了场景的纵深感。这样的材质搭配可能不会一下子就引起你的注意，但若所有材料都是一样的质地，这个厨房桌台就会看起来平平无奇、十分无趣。

A. 酒水托盘用于满足客人的需求，使他们无须打开橱柜翻找。

B. 砧板给这处小场景带来了随意的感觉，也增加了一点高度。

C. 当你在烹制小食时，你的客人可坐在这张搁脚凳上。

D. 中性色彩的盘子和碗具让这个玻璃柜看起来干净整洁。

玻璃杯被分成两排摆放，加强了空间效果：在这些橱柜中，艺术作品被置于干净透明的玻璃器皿背后，将人们的视线吸引至架子的后方。这些作品不占柜内空间，却可以作为意想不到的谈资。

拍照技巧 将橱柜打开，再进行拍摄。这个拍照小秘诀对大多数风格设计师来说并不陌生。柜门打开后，橱柜中的物品可以不受门上玻璃的反光影响，清晰地展现在人们面前。

美丽的视窗

　　显而易见，窗台可用于摆放植物。但是，若不将它们排成一排而是错落摆放的话，则可让这个场景看起来更具有年代感。为了让视线流转，木块上的盆栽远近各异，展现着各自的风情。

A.一株植物被放在玻璃罩下，享受着VIP待遇。

B.天然的纤维和木头能柔化任何阳刚的空间，温暖屋中的黑白配色。

C.若你不是园艺高手，不妨试着从种植多肉植物开始——它们需要阳光，生命力旺盛。

D.一块土耳其擦手巾给此处小场景加入了主题色，吸引人们的视线。

E.一个盘子上放着洗碗剂和护手霜。

此处布置的妙处

相较 Instagram，你可能更常在静物画中见到厨房桌台的小场景，然而，厨房桌台并不难布置，为何要把乐趣都留给绘画大师呢？为了拍摄这张照片，我们使用了以下技巧：

- 将一些陶器用来放盐或放勺子。让这个空间既有条理又好看实用。
- 我们没有把所有东西都放在平盘上，而是将他们分别放在三种不同高度的盘子和基座上。
- 前后摆放的物品构造出了纵深感，让你的视线可以在这个小场景上游弋欣赏。

上页所示 这个令人惊奇的工厂储存箱被改造成书架使用，创造出巧妙的艺术感。这些不同颜色的书籍看起来整整齐齐、让人振奋，如果此处用于放置其他物品则会给人乱糟糟的感觉。我们在储存箱的台面上放置了植物枝条，将厨房和客厅分隔开来。

本页所示 如果你有一些闲置但好看的餐具，将它们展示出来的效果比藏起来更好。佛纳塞迪设计的盘子间隔得当，看起来就像一大幅艺术画。闪闪发光的盘子下放了一个老式饮水机。

拍照技巧 我们放了一些花朵和植物，给此处添加一些色彩、变化和生命力。若没有这些花花草草，人们可能会觉得这个地方像商店里的餐具展示区。在布置你的厨房时，别忘了这一点。

明亮、纯洁而温暖

　　厨房常常在我们的脑海中勾起许多记忆——冒着泡的炖汤、好吃的早午餐以及节日盛宴——你肯定想让自己的厨房充满诱人的魅力。然而，白色的地板、白色的瓷砖和白色的极简桌台很容易给人刻板平庸的感觉。加入风格设计师的行列吧。一些彩色的锅和些许蔬菜不仅能在空间中体现你的个人特色，又能让厨房的布置生动起来。

A. 如果你不那么经常使用自己的厨房，不妨在高处的架子上放一些烹饪书和艺术品。

B. 亮色荷兰炖锅和土耳其地毯会让任何一个客人想要走进厨房帮你烹饪。

C. 随意放着的甜菜和从市场中买来的新鲜萝卜告诉客人他们将要吃的是什么。

D. 这些斯堪的纳维亚风格的搁脚凳十分简洁，符合这个空间的风格。而木质凳面又给整个房间带来了温暖感（请不要使用白色搁脚凳）。

E. 请在厨房挥洒你的创造力：带茎的洋蓟可作为厨房中的"插花"，而后可供食用。更棒的是，洋蓟生命力旺盛，可以活很长时间。

从始至终都有风格：
岛形厨房的布置

也许你很幸运，有一个大厨房，能让你在其中布置一块岛形区域。这时候，请确保你对它进行了恰当的风格设计。你的布置不应仅仅停留在一碗水果这样的基本细节上。加入一些强调色，让客人们能想象到在你家厨房度过一个安静午后的滋味。为了让这间厨房拍起来好看，我们采用了以下方法：

· 我们在厨房中放了红色的烤盘和包装简洁的薄脆饼干，以增加红色和蓝色的装饰。

· 一个可爱的红色包和它旁边的蓝色椅子看起来十分相配——它看起来可以被随时拿走，但同时也为这里添加了一抹亮眼的红色。

· 我们在地上放了两块地毯，营造平衡感，带来额外的舒适享受。

· 带有波卡圆点的可爱杯子、一只金色的茶壶、一张被拉开的高脚凳是放在最后的细节布置，让你想要坐下来放松一下。

上页所示 虽然没有人会抱怨镶板和黑色窗框上的横线，但起到柔和效果的植物摆设依然是需要的。一块砧板为摆放其上的瓶子和玻璃器皿提供了放置平台。随意放置的抹布将砧板和台面连接起来。

本页所示 这里是日常布置的一个上佳范例。一个托盘上放着好看但尚未熟透的水果。花朵能吸引你的视线，让你在走进厨房的时候不禁微笑起来。但是，别只是放花，也放上一些其他植物：相比于花束，盆栽更易打理、存活时间更长。

拍照技巧 将空间布置成白色不是一件坏事，但要确保你的照片达到了理想的均衡效果，这样一来就没有哪个角落的布置会分散你的注意力了。作为前景的物品被放在一条对角线上。在角落处，我们还放了花朵摆设，起到淡化背景橱柜的效果。

多么希望我的进餐空间能是这样的戏剧场景啊！当烹调和用餐在同一个大空间中完成时，不要觉得你必须得把空间布置成白色的，而放弃通过布置一个有氛围的餐厅所获得的乐趣。相反，这间屋子的主人使用黑色柜子和大片洋红色，布置出了一个令人难以置信的空间。黑色的陶器罐子——既有珍品古玩，也有在家居超市新买的器具——创造出了一队生机勃勃的收藏，不仅给人留下了深刻的印象，而且没有你想象中那么昂贵。

本页所示 金、银、铜的色调提升了这个简洁白色餐厅的品位。自然温暖的木质纯色凳子和百叶窗帘使这三种元素彼此联结。搁脚凳的黑色凳腿与吊灯的黑色形成很好的互衬效果，给这个餐厅添加了一些工业气息和阳刚元素。

拍照技巧 铜作为一种中性材质，十分适合拍照。这些铜锅不经常被摆在架子或台面上，但我们想让照片里有一些柔和光亮的简单物品。

下页所示 别将你的艺术作品都堆在客厅或门厅处。小幅的艺术作品可以被挂在任意位置。将这些艺术品放在厨房，你的客人们可以变得更有耐心，一边等菜一边欣赏。

自然的用餐处

在厨房设计中，摆放物品有时候是多多益善的。这对喜欢艺术的夫妇收集了各种好看的手工制品——陶器、流苏饰品、罐装物品。这种独一无二的外观既有田园风情，又有现代气息——一切都由你的态度决定。在一间布鲁克林的独立洋房中，这样的平静格调会让所有人艳羡。

A. 将梅森罐①放在一起，营造出深刻的印象。

B. 散乱下垂的常春藤符合这间屋子的悠闲风格。

C. 这个手织流苏饰品既能吸引人们的视线，又有与右侧满满当当的架子相匹配的大小。

D. 将相似的物品放在一起，能让这间屋子的设计看起来更贴合实际。

E. 若窗外的景色上佳，就没有必要再在厨房里挂上窗帘。

①梅森罐（Mason jar）是一种有金属螺纹盖的广口玻璃罐。——译者注

本页所示 一张风格简单的桌子放在靠墙的长软椅旁，令品位一下子得到了提升。这张长软椅不仅提供了更多的座位空间，也给多余的纸巾、餐具和上菜器具提供了暂放之处。靠枕、艺术品的配色与地毯遥相呼应，搭配得很妙。

下页所示 这间餐厅的布置令人十分惊喜。通过相近的配色，一些迥异的风格被搭配在一起。例如，上世纪70年代风格的舒适地毯、中世纪风格的椅子以及传统风格的华丽枝形吊灯都以棕色为基调。高大静立的植物将不同风格联系起来，让你的视线可以在房间中移动。

大搜查

如果你足够幸运，有一个户外用餐空间，我希望你能对它进行风格设计，喜欢它、欣赏它并且充分利用它。这个空间看起来充满了欧洲乡村的新鲜气息，于是我们又在其中放了一些舒适的用品。墙壁处立着手工砧板，托盘上有几瓶精酿啤酒，桌子上的一盘德式碱水面包看起来十分美味，是适合庆祝秋收的有趣食物。角落处有一块"一切都可享用"的牌子，一年到头都挂在那儿，是用于欢迎客人的甜言蜜语。坐下来享用佳酿吧，10月啤酒节不仅仅是属于德国人的（也不仅仅属于10月）。

A.火炉旁堆着的多余木材让人联想起露天的篝火，立刻使这个空间舒适起来。

B.别把花放在桌面的正中央——从后院的大把植物中摘下几根枝条作为摆设，便宜又好看。

C.木质砧板和大披萨铲增加了户外气息（让客人对你的厨艺更有信心）。

D.将艺术作品斜靠在墙面上，以便在下雨天将其拿回屋中。

木头创造奇迹

很多人觉得将不同色调的木头混合在一起是设计上的错误。然而，这种情况有时难以避免，因为总会有一些伴你多年、十分喜爱的家具。我们的空间无须在搭配上全然完美，所以别害怕混搭。你不必在屋中放太多物什，只需放上白色柜子和几盏灯，混搭的木材就会让一切看起来充满现代感又生机勃勃。避免使用太闪亮时髦或过于普通的颜色（比如深咖啡色）。这个空间可容纳各种木质材料，无论是椅腿、桌子、地板，还是其间的各种木质装饰品。在这个餐厅中，你无须放上地毯，向客人展示光亮如新的地板吧。

A. 椭圆形的桌子使房间中的通道过渡更为流畅。

B. 一盏玻璃枝形吊灯虽不显眼，却能提供足够的光亮。

C. 巢形碗是桌上的中心装饰品。

D. 黑色是此处的"点缀色"，让你的视线能够在房中的酒瓶、黑碗和黑色炉子之间游走。

本页所示 没什么能像微型物体那样，给小场景增加花样。本页展示了一张中世纪风格的椅子，其设计效仿了房间的主题。选择你最喜欢的小玩具款式，而后将其摆放在咖啡桌及其他台面上，或放在玻璃容器中。我甚至想找一个完美的微缩物品，将它放在书架上的圆顶格子里。

下页所示 不妨考虑用一些枝条来填补台面和天花板间较大的白色空间。枝条的茎部还能给房间添加些许木质气息。别害怕将植物根茎用于布置——它们有时候给人眼花缭乱的感觉，但两三根经过挑选的根茎能营造很好的视觉效果。

拍 照 技 巧 大型植物枝条不用花太多钱，就能提供丰富的色调。它们非常便宜（如果你有后院的话，它们甚至是免费的），能存活很长时间，而且会给屋子带来巨大的变化。选择那些更有个性的枝条，而不是那些直上直下的。枝条越是自在天然，达到的设计效果越好。

拍 照 技 巧 一辆自行车为原本严肃的建筑
照片赋予了个性，透露出这个内外连通房间的
主人的秘密。这张照片仿佛在说："嘿，朋友们，
我们正巧对建筑充满品位，我们休闲随意，却
也活跃潇洒。"

如何在房间中
增加视觉纵深感

制造视觉纵深感能让你的视线在房间中保持移动，避免视觉疲劳。这间白色厨房需要增加一些深度，使整个空间看起来充实而不压迫，充满层次感，就好像主人已在此居住多年一样。无须太多布置，你只需把一些细节串起来，就能让自己的视线在房间中移动起来：

- 你可以将房间的基础色作为主色，并用相近的颜色进行点缀。请观察屋中下垂的灯盏、砧板和地板，看相同色调如何在此处营造出安静的基调，让你的视线在屋中游走。

- 添加两三种意想不到的亮色，让屋中的布置更振奋人心。这个台面上放了一碗柠檬、一个黄色的锅和一只蓝色的花瓶。这些亮色的点缀可以吸引视线，让你静静欣赏。

- 在后方角落增加一些艺术效果。放上一些小场景，达到的效果就像是一个帅哥独自站在派对一角。人们无法控制地向他的方向望去，希望能与他的目光碰个正着。在距离房间入口最远的地方，角落处的小场景让你的视线可以穿越到房间的后方。女士们，这个帅哥正好单身。

- 在天花板处添加些许细节，让你的视线能移向房间的顶部。在这间屋子中，冰箱上方留出了足够的空间，可以放上一个手工木碗。对于这些狭窄空间的布置，使用餐具是最为合适的。这样不但有效利用了它们好看的外观，也将它们放在了不会每天使用的地方。

- 将一个凳子拉出来。如果所有凳子都被推进桌子避免挡道，它们看起来就太过整齐划一了，不能引起人们的兴趣。但是，如果你将其中的一个凳子稍微拉出一些，就能避免单调的重复，让人们的视线停留在这个凳子上。

传统的扭曲

在设计这间餐厅时，我们起初使用了蓝白配色，营造出十分经典的感觉。我们在布置方面使用了装饰墙纸和古色古香的椅子；但是，抬头看看那盏超级现代的枝形吊灯，它暗示着此时的你也许正在进行自己所经历过的最好的派对交谈。传统画布上的艺术作品充满了层次性和现代感，是一项大胆的尝试，然而如果它采用了相同的配色，那便十分值得尝试。

A. 这个房间中的装饰墙纸十分好看。明快简洁的白色门窗消除了其可能带来的压迫感。

B. 这盏枝形吊灯使用了房间中的所有颜色——蓝色、金色、白色。我从未看到过哪盏枝形吊灯能给房间带来这样大的变化。

C. 这些透视椅十分稳固，但不会造成视觉上的沉重感。

D. 金色花盆中的高大植物是能令人印象深刻的桌面摆设，能吸引客人的视线（当你想要在桌上用餐时，这株植物也可以很容易地被移开）。

E. 白色的餐具使桌面看起来更整洁一些。

餐厅中的小桌不像自助餐柜那样需要占用
很多空间，这里也可以放一些多余的物品：
美酒、蜡烛及桌面摆设。

上页所示 餐厅外面是一个摆放整齐的餐柜，上面放着橘子、调制鸡尾酒的工具及好几瓶酒，使客人知道调酒师能满足他们的各种口味。

本页所示 玻璃杯上有不同图案，可以帮助客人记得自己的饮料。同时，不要低估调酒工具带来的极佳设计效果——它们的金色表面与这个可爱的房间十分相称，让人觉得屋子的主人是调制鸡尾酒的高手。

设计酒柜：
让一切与众不同

一个经过风格设计的酒柜可供客人们随时使用，也能让你更好地准备晚餐。首先，请确保你能给各种口味的客人提供丰富的酒类选择：伏特加、杜松子酒和威士忌是必备的。如果你还备有龙舌兰、白兰地、苏格兰威士忌等其他酒，那就更好了。同时别忘了摆上水果、苏打水、调酒器和各种合适的玻璃杯，让客人们能够在摇晃和搅拌中享受品酒的乐趣。以下是一些建议：

1 托盘能够单独摆放用具、酒水和水果，使客人们可以找到他们真正需要的东西，也能收拢各种器具。一本关于鸡尾酒的书籍介绍了曼哈顿鸡尾酒新近流行的调法，让客人们更愿意尝试。

2 把你的烈酒倒进玻璃酒瓶中，让它们看起来更加特别。确保你对每个玻璃瓶都做了标记，知道其中装的是什么酒。

3 你可以将酒柜设置在家中各处。在这张照片中，一些迷你物品、酒瓶和许多高端艺术品一起被放在柜式格子中。

4 不要把所有东西都放在推车上。若没有充足的空间来放置酒瓶，聪明的屋主会在墙上挂一个垂直的酒架。

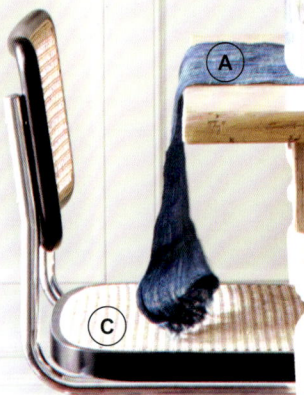

一个房间到另一个房间

（上页所示）若你只把一个房间涂成饱和色，那你总要考虑如何实现此屋与邻屋色调之间的过渡。别觉得家中的各个房间都是完全独立的，你需要让这些房间的设计相互呼应。由于这个餐厅在一个深蓝色房间的旁边，所以应该在餐厅中增加一些蓝色调。接着，我们又加入了一些其他颜色——红色、粉色、棕色。这些颜色彼此对比，看起来像蓝色一样生动。同时，这些颜色也适合这间屋子轻松自在的氛围。

A. 这面蓝色桌旗在两间屋子之间建立起了联系。

B. 大束白色花朵和深蓝色墙面形成了对比。

C. 包豪斯（Bauhaus）风格的悬臂椅使用了与门的颜色相同的黑色线条，看起来十分新颖。

D. 桌上的红色玻璃杯和炖锅与墙上的红色艺术作品相互应和。

本页所示　将不同木质材料混合搭配可能会让人觉得棘手，但在这个令人愉悦的早餐角落里，所有的木质材料都在讲述着一个连续的故事，甚至延续到了旁边的墙面上：窗户下充满个性的墙面艺术品与桌面上的民间艺术品十分相衬。

你饿了吗？

我喜欢收藏和展示有趣的物品，这也是为什么即使在厨房中，我还是喜欢把这样的东西放出来的原因，这样一来我就能时刻欣赏自己喜爱的物品了。我把我的木质砧板和烹饪用具放在台面上，打破了大理石台面的单一感觉，增加了视觉上的纵深感。老式搁脚椅用柔软的灰色"赛百纶"（Sunbrella）布料重新包装——如果你不确定要用什么颜色，不妨就用石灰色。我们在这个空间中创意性地加入了一些令人舒适的物品：一块简单的地毯（若你需要长时间站着，这块地毯就是必需的）、一块用来挡太阳的罗马帘、一幅用于营造氛围的抽象画，它们让我更愿意长时间待在厨房，享受烹饪的乐趣。

A. 这幅抽象画是整个房间配色的灵感来源。

B. 这个篮子使用了和砧板及橱柜相同的木质材料。

C. 这块地毯的颜色看起来可能与房间配色有所不同，但它与右边墙上挂的画十分契合。你很容易就能在跳蚤市场找到古董小地毯，它们可以很好地遮挡地面上的污点，同时给空间添加许多个性（也给照片增彩！）。

拍照技巧 利用一切机会，把你最喜欢的颜色拍进照片中。这张照片是我做的颜色设计：亮粉色牡丹被放在窗台上，干净的瓶子里装了蓝绿色洗碗剂，罗马帘给房子加入了更多的海军蓝，使其成为房间的基础色调，又没有增加照片的沉重感。

在这间全白的餐厅中，现代风格与传统意大利风格相遇了，带来复古和乡村的感觉。有一些铜锅被挂在炉子上，这里还放着一个"酷彩"（Le Creuset）牌的珐琅铸铁锅，当然，大量的橘色仿佛带你来到了充满浪漫风情和乡村气息的意大利翁布里亚（Umbria）——你甚至不需要出示护照。

设计出一个
独特又实用的厨房

不太擅长烹饪？我也是，这种情况直到我对厨房进行风格设计后才得到改善。一旦厨房被设计成自己喜欢的样子，即使在工作日的晚上你也有可能在家煲汤。然而，厨房只是实用或好看都是不够的——这里是你每天都需要使用的空间，努力让它既实用又好看吧。请尝试以下的设计妙招：

- **放在炉子上的珐琅铸铁锅。** 这种锅有各种颜色，可将其摆出来，好看又方便使用（它们也很容易清洁！）。你可以选择"酷彩"这样经典的牌子，也可以到折扣店选一些更便宜的。

- **形状天然、装水果的陶碗。** 把你从农贸市场淘来的大陶碗放在台面上，晚餐时可将其作为托盘和碗具。经典的手制陶器可以让你的厨房看起来有凝聚感。

- **一块图纹花毯。** 土耳其基里姆花毯容易清理，给水槽或炉子添加了颜色和柔软的层次感。至于毯下垫料的选择，不妨使用那些适合长期厨房作业的胶垫。

- **类似艺术品的手工砧板。** 无论你是把它们挂在墙上，还是将它们靠在防溅板上，每晚下厨的时候你都有许多外观自然的木质砧板可供挑选使用。

- **颜色喜人的茶巾。** 就像手提袋一样，你能找到各种颜色、花样和设计的茶巾。将它们折叠并搭在水槽上，以方便日常使用。

- **一个可移动的工作台。** 也许听起来更像是挥霍，但小小的厨房领地可变幻出很多花样，这里的小平面和柜子正是需要着重布置之处。一个可以滑动的工作台能让你随时重新布置自己的工作空间，在需要时令它离水槽或冰箱更近一些，厨房工作结束后，又能很轻易地将其放回原处。

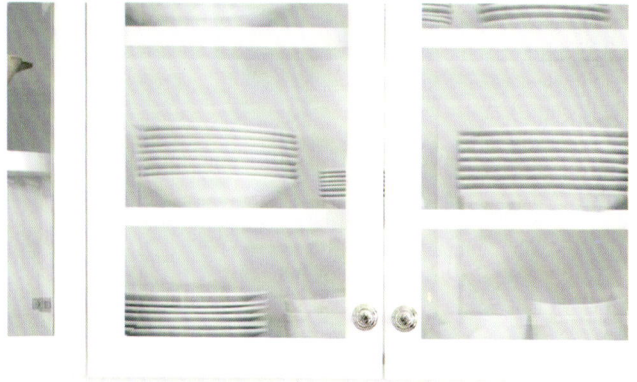

田园配色

　　这间房的设计体现了乡村风格与现代风格的相遇和融合。这里有很多可以移动的椅子，整个家庭都可以坐在桌子旁，还有一张长凳，人多的时候可以大家挤挤。这张长凳给家里带来了乡村风情；要是没有它，这些典型美式椅子会让桌子看起来太过传统。当你在进行餐厅的风格设计时，不要每次都觉得需要对桌子重新进行布置。有的时候，简洁就是你所需要表达的全部。在这张照片中，简洁就体现在亚麻制长条饰布和放了许多苹果的大号木质纤维果盘上。

A.这块蓝色长条饰布与蓝色的餐柜十分相衬，将整个房间中的配色联系起来。

B.一块毯子打破了长凳原有的线条，皮草则给房间引入了一些奢侈的质感。

C.桌脚的轮子给此处设计加入了奇趣，使桌子具有更强的功能性。

D.这些平行条纹与长桌的桌脚很好地交汇在一起。

E.古董铜制灯盏和其上的蜡烛形灯泡给房间添加了乡村的感觉。

F.此处陈设与艺术画中的花朵相互呼应。

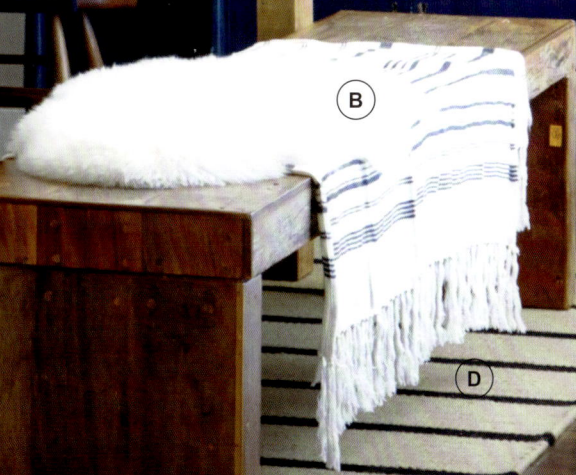

B

C

D

乡村温情

　　这间西班牙风格的农家厨房证明了蓝色和黑色可以被很好地搭配在一起。清凉的蓝色柜子给原本纯朴的厨房带来了现代气息。防贱板上的图案由黑色和奶油色组成，与房间的西班牙风情相契合。模仿黑色电器的颜色，房中的黑色调给人带来了舒适居家的感觉，让这间复古风情的厨房有了棱角。白色和木头色是温暖的中和色，将黑色和蓝色联系起来。

A. 支架装饰了原本简洁的白色搁架。

B. 开放式的搁架让这个小厨房变得更宽敞开放。

C. 两块木质砧板将厨房的两边联系起来。

D. 一块地毯给厨房添加了一些额外的颜色，让它看起来不会平淡无奇，它的色调与桌台上放着的红色苹果相衬。

E. 白色大丽花把你的视线从水槽引至罗马帘上。

上页所示 不用觉得害怕，你大可将一幅大的艺术画挂在餐柜上方——但也请注意画作的尺寸，让它比餐柜只小一些或只大一点。铜质头盔给此处增加了棱角，一个简单的托盘则可用于摆放酒具和酒瓶。一张涂有黑色漆面的梯式靠椅有着发亮的扶手和椅角，与餐柜的蓝色相衬。

拍照技巧（本页所示）我们没有将蓝色的锅放在一叠蓝色盘子上，也没有把白色的锅放在一叠白色盘子上，而是在架子之间交错摆放这两种颜色的锅和盘子。这样一来，你的视线便可以沿着搁架的对角线移动，而不仅仅是上下移动。这里的艺术品将一叠原本普通的盘子变成了风格上的小场景。

本页所示 一个甜蜜传统的早餐角落，左侧放了植物和仿古彩绘，看起来充满了欧洲乡村风情。这个挂有水晶吊灯的空间给人一种快乐的感觉，即便它只是供日常使用。一扇打开的窗户、新鲜切开的葡萄柚以及一瓶橘子汁，让你想要蜷在桌子旁静静阅读早报。

下页所示 时髦的系带浅口便鞋及一块垂下来的图形围巾没有被放在入口处，而是放在室内用于强调这个餐厅角落的黑白配色。桌面上的西瓜、茶壶和托盘延伸了艺术画上的用色，告诉人们餐桌布置的多元可能。

令人愉悦的布置

如果你喜欢招待客人，那你就需要花钱买一些奢侈品，让客人在晚餐的交谈中感到舒适、放松。请确保你的家具和摆设能加强这种效果：

- 经过装饰的椅子既能让人想要长时间坐下来，又能帮助装饰空间。如果你没有这样的椅子，请务必在饭后将参加派对的人请到客厅享用餐后饮品，尤其是在有客人表现出坐不住的时候。

- 全力以赴，布置一个引人注目的餐桌摆设——但注意保持低调。不要花大价钱布置一个花卉摆设，那样你将不得不为了看清自己的客人而将这摆设移开（假设你想要看清客人的话）。

- 享受布置玻璃器皿的乐趣。什么杯子用来装什么水并不重要，只要杯子里的饮品足够供大家享用就行。拿出一些装饰杯，每个客人都会喜欢将它拿在手里时的魅力，于是便不会挑挑拣拣了。

- 在桌子旁放一张长凳，避免桌子因原先的椅子而看起来有些沉重。这也能使装饰过的空间看起来更硬朗、更有平衡感。

- 蜡烛能让餐桌上的人看起来更为美丽。如果餐厅的灯光亮度无法调节，不妨试着把灯关了，点亮一盏角落处的小灯。然后，让餐厅笼罩在蜡烛暖暖的光晕中。

- 色调一致的配色方案能在房中营造出令人放松的氛围。选用颜色更为庄重的餐巾和桌旗。譬如，选用灰色和蓝色，看它们是如何给房间带来改变的。白色的餐具是最好的，能将你精心烹制（或置办）的食物突显出来。

第 **07** 章

卧室

散下头发，
走进这个私密空间

如果卧室里已经有了进行风格设计所需的一切物品，谁还会想要跑去商店呢？看看你的卧室和浴室中的香水瓶、镜子、高跟鞋和床单，将它们摆放成好看的小场景，让你的梳妆台、床头柜、床甚至柜子旁的角落变得优雅起来。由于这个房间是不会被他人看见的私密空间，所以不妨将其布置得更具有个人风格一点。能让你发笑的愚蠢照片、你不愿丢弃又羞于使用的破损茶壶……这些东西是只在你们之间分享的秘密。

宁静的色调

看吧，当我想要将房间布置得精致一些时，我也是可以做到的。植绒床、黑色窗框、古董普罗旺斯床头柜营造出柔和的配色，给这个传统的房间带来放松感。为了让一切看起来更为奢华，我们听从内心小公主的声音在床上放了四只四方枕、两只大型枕、两只标准枕，又在上面放了几只抱枕。没有太多人喜欢超级正式的卧室，些许点缀给房间增加了属于日常的生命力：皱皱的羽绒被、随意折叠的床罩、剑麻地毯以及拉开的简单窗帘。这样的布置会让你想要进入梦乡——以最好的方式。

A. 老式的影院座椅组成了床尾的长凳，这样的布置十分出人意料。

B. 房中的大块地毯选用了剑麻材料，给人平静的感觉（同时又不昂贵）。

C. 相称的床头柜和床头灯加强了房间的传统感。

上页所示 使用与房间配色统一的书籍进行布置永远不会出错。在布置一个正式的房间时，更是如此。

为什么此处设计是妙的

这间浅色调的屋子会让人不禁想要放上一个非常公主风的化妆柜。但我们也需要在这里加入一些阳刚气息，使夫妻双方都觉得满意。这里我们采用了一些方法，让整体风格轻松而闲散：

- 这个充满女性气息的化妆柜使用了深色漆面，转移了人们的注意力，带来乡村和阳刚的感觉（如果化妆柜是白色的，就显得太过娇媚了）。
- 我们没有用相框，只是将条形照片靠在镜子上。
- 一个对比色的托盘将你的注意力吸引到化妆柜的小场景上。
- 这些花朵让一些看起来没那么暗沉庄重。

细节风格

（上页所示）你想布置出一块内置床头板，然后搭配上隐藏的橱柜吗？没问题，就这样做吧。这个房间采用了俭省的设计，解决了建筑面积小的问题。通过一块拱形床头板——木工包边，并且铺设植绒织物——这个房间呈现出完全的女性化、豪华感和精致感。为了更大限度地扩展空间，我们用棉布、马海毛、亚麻和绗缝布料上的混合色调装饰床铺，而跳过了任何花哨的图纹。小技巧如下：在小空间的布置中，避免使用大块鲜明的墙漆。它们只会阻碍你视线的移动，让这个空间看起来更为狭小。在某些空间里，这样粉刷所带来的凌乱视觉效果能让人激动，但对一些卧室来说，这样粉刷反而会引起幽闭恐惧症。

A. 一株向外垂的植物给这间卧室添加了更多柔和安静的质感。

B. 同色调的床上用品使用了淡雅的图案，保持了该空间平静的基调，也让它看起来更大一些。

C. 白色的内置橱柜把杂物隐藏起来，让人们的关注点停留在有特点的床上。

D. 淡茄皮紫（提醒你，不只是紫色）是很适合单色调房间的颜色，能起到与中和色相同的效果。

本页所示 我们放了两只四方枕、两只标准枕及三只装饰枕——大小、颜色和材质各不相同，但都采用了温柔的配色。

ⓒ

甜蜜睡眠

在设计这个空间时，我的第一直觉是大胆使用配色，让呆在其中变得令人激动。在完成了大胆的多色粉刷后，我后退一步看了看，意识到这样粉刷的效果并不好。我起初到底在想什么呢？幸运的是，粉刷是一项简单的冒险，我重新用"荷兰小子"牌（Dutch Boy）的"老忠实泉色"（Old Faithful）将房间重新粉刷了一遍。现在，来到家中客房的朋友们都会发出惊叹，因为他们觉得这地方非常舒服。布置客房时，我们可以多放一些风格设计的物品——特别是能让来家中过双休日的客人感觉更自在的物品。在我完成了这间房的风格设计后，我惊讶地发现它不仅能给客人提供休憩地，也能供我自己使用。现在，我在这间房中待的时间比以前更长了。

A. 我们在枕头和床尾长凳间增加了色彩的对比。这样一来，这间安静的房间既有了独特风格，又不会让人觉得风格过于强烈。

B. 客房中的艺术作品应能吸引众人的视线，让大家觉得有趣。不要用俗气的艺术画，用那些色调偏冷、出人意料的画作。

C. 一张床上放好了被子，看起来像酒店里的感觉，让你的客人们觉得你在等待他们光临（即便你只是刚刚洗完被褥）。

本页所示 诚实地说，没有谁会觉得这把椅子舒服。但由于旁边有其他的椅子，它就成了一件有个性又特别酷的摆饰，给原本精简的房间添加了一些多样的风格。

下页所示 别以为客人们的整个周末都可用于休假。如果能在一间自己觉得时尚的房间中快速解决工作问题，他们也许会觉得更加放松。谁知道呢？你的风格设计也许能给他们灵感，让他们完成自己最伟大的工作。

布置卧室：
4 个有趣的小场景

梳妆台面和床头柜面是你卧室中的两个主要平面。如果你有时和我一样忙，这两个平面就可能没有得到应有的布置。在布置好床铺后，打理梳妆台和床头柜会让你的休憩空间一下子具有自身风格。希望以下的四个小场景能给你一些相关的新点子：

---

1 如果有，就秀出来吧

你最大的风格设计秘密就藏在你的首饰盒中。是的，把那些戒指和珠宝拿出来放在床头柜上的木碗或小托盘上。当然，你要在展示的首饰旁放上一束美丽的花——买一束市面上最漂亮的花吧。兰花总能给人丰富的感觉。

2 尝试一个新点子

我常常把我最近阅读的一些书放在床头柜上。这个小技巧能起到宽慰人心的作用，并且让你觉得周六跳过早午餐待在床上享受独处时光是不错的选择。

3 用上你的街头智慧

孩子的台面布置也应得到重视。看看孩子的卧室，寻找风格设计所需的物品。你可以将孩子的书简单叠起来，在上面放一辆你喜欢的玩具车，供孩子随时玩耍。装框的家庭照片是甜蜜的提醒，展示满满的爱意。

4 让房间充满灵感

在你的床头柜上，只放那些你最重要的物品。比如，一个用于装手表戒指的大理石盒子、你最近旅行拍的照片，和用来装从市场买来的鲜花的气泡花瓶。我保证，你每天都会在好心情中醒来。

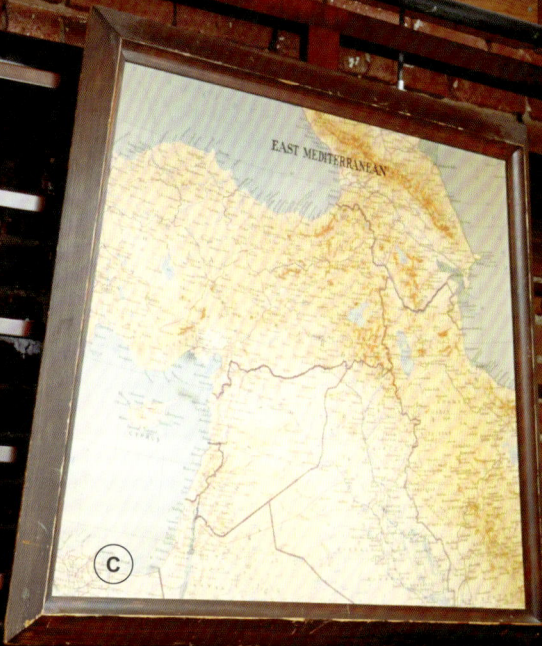

阁楼生活

（上页所示）环绕在蓝色墙壁和许多温暖砖块与木制品之间，小小的阁楼卧室让人觉得十分舒适。这个小房间没有被塞得满满当当，却最大化地利用了空间。小小的床头柜上放着喜爱的书和一只简单的花瓶，上方有两盏突出式壁灯。艺术书被堆在床下，不占用过道空间又能将书展示出来。一张地中海地图挂在床头板上，令主人想起过去的旅行记忆。这样布置的预算是多少？在一个小房间中，你不会后悔只放自己喜欢的东西。任何多余的物品都会让你觉得厌烦。

A.床头柜长长的桌脚与床的高度正好相配。
B.一幅垂直竖立的艺术品可以帮助遮掩灯座线。
C.古怪而酷炫的梯形画框给这幅古旧的画增加了些许时尚感。
D.床罩和枕头使用了与地图类似的颜色。

本页所示 挑一件你在其他房中的收藏，放到这间房里。这张图里，几只蓝色的杯子与房间的色彩设计相符。想想你还有什么收藏是一套的，可用来与这个卧室相配的，无论是可爱的日本茶杯、陶瓷装饰碗，还是金属印刷的信件，都可以。

征服你的浴室

无论你的浴室是与卧室相连，还是位于大厅与室友共用，把这个空间布置得像一个水疗中心都能让你的日子精彩起来。无须安装什么设施，试着使用这些风格设计技巧吧：

- **额外加一张凳子**。在一间铺有大理石、瓷砖或其他硬质表面的房间里，添加一些柔软的物品会一下子让你的大脑（和身体）舒服起来。试着使用户外材质的软垫椅或小搁脚凳（用于防水）。

- **摆上浴衣、放上拖鞋**。洗完澡后，你一定想要穿上软软的拖鞋，在漫长的一天之后放松一下。选择简单轻盈而非奢华浮夸的风格，让你的空间看起来更为舒适。

- **放一块白色绒质毛巾**。白色会让你想起一个幽静的旅店，加强远离所有烦恼的想法。如果你想加一点儿情调，不妨把你们的名字绣在毛巾上。

- **放一些好闻的花朵**。我不喜欢在床边或餐厅放茉莉花，因为花香会影响睡眠和食欲。然而，浴室却很适合放点儿花，让人在香味中凝神静息。

- **放一些木质摆设**。竹子或其他天然木材是能给浴室带来安静的材质，让人想到户外的感觉。为了布置出更为现代的浴室，你可以试着用石板或石头材质的摆设来搭配大理石水槽和浴缸。

- **把你的空间粉刷出水疗室的感觉**。你的房间用了白色的瓷砖和天花板，还需要一点冰蓝色、奶油色和浅灰色的点缀——这些色调常用于顶尖水疗室。当你熄灭灯光点亮蜡烛时，墙面、地板和天花板之间便会融合起来，整个房间就像一个静静的茧。

奇幻森林

一个古旧的剧院屏幕上画了一片树林，给这间房的布置打下了背景，让人思绪翩跹。房中遍布柔软织物、丰富色彩以及金属外观，带来梦幻般的感觉。

A. 深林布景给房间定下了基调。

B. 床边垂饰模仿着墙板上树木的线条。

C. 金色的表面吸引了你的视线，提高了房间的视觉效果。

D. 一个多彩的床罩摆在床上稍微靠边的位置，避免太过突显。

E. 一个皮毛枕头让地毯与床更为相衬。

F. 橄榄色的窗帘与偏深色的墙纸相应和。

冬日奇境

　　一张白色的床提供了终极休憩地，但是仅仅进行床铺的布置是不够的。这个卧室中，你触目所及皆是层层叠叠的白色：窗帘上、地板上和墙面上。这些细节简单却实用——在你的睡眠空间中，"少即是多"是不破的真理。房间的配色、材质安静和缓，所以独特的床头板才能吸引人们注意，成为整个房间的闪光点。

A. 挂式壁灯不占用狭小床头柜的空间。

B. 一块80年代风格的铜质床头板使用了简单的铜管，起到了装饰效果。

C. 一双亮蓝色高跟鞋填补了角落空间，十分有趣。

D. 波卡圆点给原本素雅的白色床添加了一些奇想和个人风格。

E. 窗帘被高高拉起，正好可以修饰艺术画作。

F. 床边的小场景主要包括三件物品：竖直摆设（花朵）、水平摆设（盘子）和用于连接两者的个性摆设（蜡烛）。

上页所示 木质衣橱上放了一系列天然材质物品，显示着返璞归真的理念。岩石、金饰及天然纤维的绳饰——这些物品不包含太多颜色，适合用来布置安静的卧室。同时，此处的流苏绳饰非常时尚（最好能叫上你的阿姨，让她将自己放在阁楼上的 70 年代手织物品带过来）。

本页所示 使用诸如羽毛这样的轻质物品进行布置时，别害怕将其作为墙上的艺术品。你可以像这幅照片中一样，将羽毛粘在艺术画旁，营造小场景的感觉。

拍照技巧（本页所示）在打理得整整齐齐的床尾，放一点实际需要的物品。本张照片中，我随意放了一条旧牛仔裤。谁会总把自己的衣服收起来呢？牛仔裤不是这张照片中的关键点，所以你几乎要忽略掉这个细节，但有的时候，最好的饰品并不会讲述整个故事，而是会搭建出所需的场景。

下页所示 一个内置床头柜很适合放你的物品，给有趣的物品提供了丰富的展示空间。有了智能手机，电子闹钟变得不那么重要了，那么为什么不给自己买一个复古时钟呢？

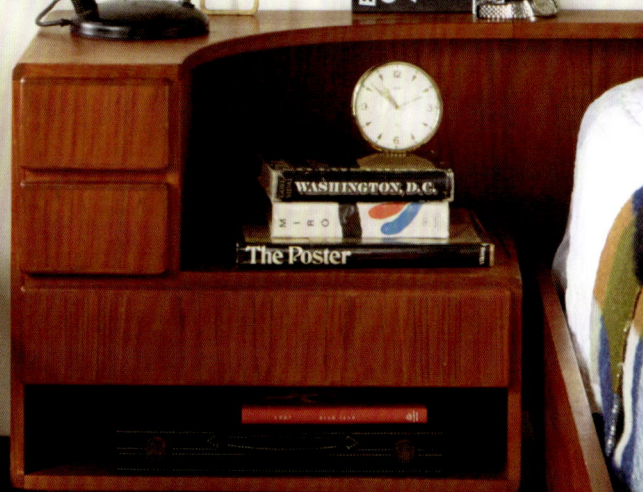

上页所示 床头用经典的美式风格进行了一些布置，地上的格子地毯、床上的木屋风格羊毛床单都给床头板处庄重的植绒面带来了舒缓的感觉，床边则是中世纪风格的床头柜。床周使用了蓝色和金色进行布置，色调调和，互相形成对比（灯罩使用蓝色，抱枕使用金色）。

本页所示 多么希望每个卧室都有一小块喝咖啡的角落啊！很多人都不考虑在卧室放上一张桌子和几张椅子，然而这样的布置能给你提供一个私人办公空间，让你在早晨可以安静休憩。

质朴浪漫

　　用棕色和褐色进行卧室布置也许不是你的第一选择。但是，当许多阳光从大大的窗户中透进来时，这样的配色就会显得纯净舒适了。在这里，许多材质彼此混搭：皮质材料、木质材料、黄麻纤维和棉制材料都加重了房间的质朴气息。

A.这张皮制长椅与床头板相称，同时又很实用，可以作为床尾凳。

B.细麻布窗帘和细麻布枕头给房间带来一种出人意料的质感。

C.床上提花面料的被子为房间添加了图案，却又不使人觉得繁杂。

D.一个嵌在墙上的床头柜给下方杂志架提供了空间。

E.粗糙的基里姆地毯迎合着墙上的艺术作品。

粉色的可爱

（上页所示）在女孩的房间中布置上她所需的各种粉红色块，让她拥有真正属于自己的房间。女孩卧室的风格设计并不容易，想布置好可能要花上不少时间，但是一张白色的四柱床就能帮你更方便地根据女孩喜好随时更换布置。现在，我们在床头柱子上挂了特别的小彩旗和插电灯泡线。一块羊皮地毯以及一个飘窗提供了舒适的座位，白天可度过悠闲时光，晚上可静静阅读《哈利·波特》（*Harry Potter*）等书籍。

A. 从本地市场或网络商城买一些手制娃娃，它们比塑料娃娃迷人多了。

B. 将插电灯泡线绕在女儿的床柱上，垂下光秃秃的灯泡。这样布置很酷，她甚至不会想念较贵的床帘。

C. 给女儿购置好看的床罩和柔软的毛毯，这能让她更乐意收拾床铺和整理屋子。

本页所示 为什么要在每个相框中都放上照片呢？就让相框空着吧，缓和屋内的对比感，让氛围更为平静。这个古董相框本身就是艺术品，足以装饰床铺上方的空白墙面。

玩转图样

将各种图样混合在一起也许是最有威力的风格设计方法，然而如果你不够仔细，这样的风格设计也很容易走偏。请谨记以下四个简单的技巧，使不同的印花彼此调和，打造出轻盈而有层次的视觉效果：

· **限制颜色的使用。** 将图样的颜色限制在三到四种之间：一种主色，一种强调色，还有一两种点缀色。

· **将不同大小的图样结合起来。** 避免只使用一种大小的图样进行布置（例如将两个大型图样放在一起），这是因为肉眼无法区分其中的差别。为了让图样之间不会彼此竞争，选择一个大型图样、一个中型图样和一个小型图样。你不知道如何区别大小吗？眯起眼看，如果这些图样看起来差不多，那它们就是相同大小的。

· **限制你的图样。** 将那些你不喜欢的多余图样去除，加入一些实物，让你的视线有着落点。一般而言，你的沙发上要有两三种图样，房间里要有三五种图样。确保你也加入了一些织物，它们能增加照片的视觉纵深感，又不会分散你的注意力。

新的流浪风格

　　（上页所示）这个卧室不会让你想要整理行李去某个异国他乡旅行吗？波希米亚风格的细节布置平衡了房中原有饰钉和方枕的阳刚感。一条有着奶油色边缘的床单、一块从床头板垂下的基里姆花毯、蓝绿色或海军蓝的玻璃杯，都提供了柔和的视觉效果。这张床也非常好地体现了我的床铺设计技巧：你不需要总是把床上的枕头靠在床头上，相反，你可以将两个扁形枕叠在一起，再把抱枕朝外摆放。

A. 一块古董基里姆花毯被放在床头，添加了花样感——更棒的是，这看起来很酷。（请干洗这块毯子！）

B. 箱子的轻质木材与床头板完美平衡。

C. 一个托盘让上面的三件物品合而为一，使一切不会过于拥挤。

D. 我们将床上的蓝色调延展到屋子的其他角落，让配色更有目的性。

本页所示　一张沙发、一张小桌、墙上的艺术作品，和一条让你想静静披盖的下垂沙发毯营造出一个安静的阅读角落。粉色的花朵与灯盏的垂直线条相接触，右侧的篮子则静静吸引着你的视线，增添了质感和视觉纵深感。

本页所示 这处角落场景大胆地选用了不同的风格，但由于各个摆设外形相似，依然取得了很好的布置效果。这张传统椅子的曲线，与艺术家野口勇设计的灯具的线条和一旁篮子的线条十分相配。这三件物品都给人以精致的感觉。

完全美式现代风格

（下页所示）谁说红色、白色和蓝色不能一直搭配在一起呢？这间卧室展示了稍许基底色的魔力，它们能让你不想起7月4日（美国独立纪念日），而是想起一间焕然一新的乡村小屋。

A. 金色给原本经典的配色提供了现代感。

B. 一个装着水的玻璃水瓶是最好的床边装饰。

C. 大型图样和小型印花完美搭配在一起。

D. 一条灰色的毯子让这间卧室的配色不那么充满爱国主义。

E. 地毯上的条纹可以将你的视线吸引至床头柜。

F. 一个大碗被放在床头柜底部，衬托上方的书本。

风格设计师
笔记

12 年的室内设计经历让我积累了一些小秘密，当然，我也曾有过后悔和徘徊的心情，但是我做不到让自己远离工作伙伴、各种涂料和家居商店。我对室内设计的感情虽是单恋却一往情深。下面我就会为你介绍我的秘密资源、常去的地方以及屡试不爽的小技巧。别告诉其他人。

墙漆颜色

给一面墙选个合适的颜色就像给你的第一个孩子取名一样——你面对着太多选择。当你开始比较那些名字时，你会觉得要是自己选错了，那一切就都毁了。我粉刷过大约 60 个房间，喜爱着其中的大多数却也为少部分房间感到后悔。现在的我已经尝试并积累了许多粉刷样本。无论你寻找的油漆颜色是欢快明亮的，还是安静柔和的，试试这些我经常使用的颜色吧。

颜色

Farrow & Ball 出品的海牙蓝（Hague Blue）

这是我最喜欢的海蓝色——它融合了足够的绿色，在经典色调上展现出了清新感。

Dutch Boy 出品的老忠实泉（Old Faithful）

明亮的浅蓝色中包含了足够的灰度，这种颜色的房间能使人心情平静。

Farrow & Ball 出品的特蕾莎绿（Teresa's Green）

现代、柔和的薄荷色很好地装扮了房间，带来阳光的感觉。

Dutch Boy 出品的珊瑚回响（Coral Echo）

甜蜜的浅粉红色让你想要一口把它吞掉。

Valspar 出品的四叶草（Four-leaf Clover）

这种涂料明亮、丰富、充满饱和感，是目前市面上最好看的黄绿色。

Benjamin Moore 出品的复古风情（Vintage Charm）

紫色给人坚硬的感觉，但这款紫色却给人温暖精致之感（一点都不像 80 年代的宿舍！）。

Benjamin Moore 出品的摩洛哥红（Moroccan Red）

如果你想使用红色（真是好样的！），你会喜欢这种大胆而给人严肃感觉的色彩。

Benjamin Moore 出品的浪漫缭绕（Razzle Dazzle）

这款颜色令人心旷神怡，很适合用作点缀色，可用来粉刷书架边缘等。

Sherwin-Williams 出品的深青色（Totally Teal）

这款涂料能给餐厅等房间带来戏剧感的布置效果，尽情宴请朋友吧。

Benjamin Moore 出品的深海蓝色（Hale Navy）

这款蓝色涂料颜色很深，接近黑色。它很适合用来粉刷装电视机的墙壁。

Benjamin Moore 出品的红唇热吻（Hot Lips）

通常而言，桃红色看起来会有些俗气——给人太绚烂或太幼稚的感觉。这款涂料却不会给你这样的感觉，看起来既充满生机，又有成熟感。

Dutch Boy 出品的琉璃珐琅（Lapis Enamel）

饱和的深蓝色可以很好地与你迎面相遇。

Benjamin Moore 出品的柠檬色（Limon）

黄色常常让人联想起"校车"，但这款黄色却十分亮眼，给人一种酸酸的感觉，让房间看起来充满现代感又清新鲜活。

充满深度。

Benjamin Moore 出品的瑞士咖啡（Swiss Coffee）

由于这种颜色带了一丝黄色，所以要避免将它与纯白装饰材料或木材搭配在一起（想想那些木头已经发黄了的老房子）。

中性色

Benjamin Moore 出品的牡蛎壳灰（Oystershell）

这种涂料是融合了蓝色和绿色的浅灰色，很适合用来布置办公室和卧室。

Benjamin Moore 出品的超级白（Super White）

这种漆色明亮干净、不掺杂色，而且特立独行、充满特色。

Benjamin Moore 出品的猫头鹰灰（Gray Owl）

这是一种更温暖的灰色。在某种光线下，它看起来会带些灰褐色。

Benjamin Moore 出品的半月纹章（Half Moon Crest）

这种漆色是完美的中灰色，既不是棕色，也不是蓝色。我已经把三面墙都涂成了这个颜色，每次看到都十分喜欢。

Benjamin Moore 出品的波特兰灰（Portland Gray）

这种灰色可爱、温暖，融合了稍许红色，给人一种淡紫色的感觉。

Benjamin Moore 出品的雪橇铃（Sleigh Bells）

如果你想要用轻盈低调的灰色来衬托自己的家具，这是一个绝佳的选择。

Benjamin Moore 出品的森林狼（Timber Wolf）

这款涂料是酷酷的经典深灰色，能带来许多戏剧效果。

Sherwin-Williams 出品的银雾色（Silvermist）

一种柔和的法国乡村风格的灰绿色，与许多种白色都能完美搭配。

Farrow & Ball 出品的灯室灰（Lamp Room Gray）

这款是精致忧郁的灰色，其风格受到男士西装的影响。

Benjamin Moore 出品的鸽子白（White Dove）

一种舒适的白色，给人温暖的感觉但又不会发黄。

Benjamin Moore 出品的装饰白（Decorators White）

一种被许多装饰家使用的经典白色，浓烈的白色看起来

来自跳蚤市场的乐趣

你也许会发现，你最划算的买卖（以及装饰故事）都与跳蚤市场有关。在你前往跳蚤市场前，请牢记以下窍门：

- **列个清单。** 你觉得自己会记得要买什么，但事实并不是这样。把要买的东西写下来吧（如果需要的话，甚至可以记下要买物品的尺寸）。
- **早起的鸟儿有虫吃。** 我敢说 75% 的最佳物品都会在最开始的两个小时内被抢购一空。
- **先选购大家具，再选购小东西。** 我会先逛一圈跳蚤市场，看看有什么吸引我的大家具。然后，我会再逛逛，看看有哪些小东西可买：譬如灯具、花瓶和摆设等。
- **买那些外形（而不是颜色）让你喜欢的东西。** 别仅仅因为颜色好看就买什么东西，你得首先喜欢它的外观——因为颜色是可以重新刷的。
- **别做囤积者。** 如果这件东西不是你需要的或喜欢的，就别买下它。
- **计算额外费用。** 算好你打理每样物品的最大预算：包括重新布置的费用，以及修复或重新上漆的费用。在购买大件家具之前，确保你有足够的资金用于打理它。
- **避免买清单外的物品。** 我不知道为什么大家有时喜欢买清单外的物品，我也不欣赏这种做法。跳过那些计划外的摊位——它们只会分散你的注意力。
- **深入发掘。** 如果你在一个摊位上发现合适的花瓶，那么这个摊位上的其他物品可能也非常不错，走进这个摊位淘宝吧——你很可能在这里发现真正的宝贝。
- **带上现金和支票。** 用现金支付能帮你讨得最便宜的价钱，但大多数贩卖者也接受支票。不过，别指望用信用卡付账。
- **漂亮地讨价还价。** 商人总是对自己售卖的商品有一定感情，不希望商品被粗鲁的人们占有。如果你喜欢讨价还价，请礼貌进行。
- **检查质量。** 如果东西比较贵的话，确保这东西的质量不错。许多标签都贴在抽屉里或椅子下，但若价格标签缺失，也并不意味着东西的质量一定不好。
- **请记住：贵的东西往往比较特别。** 一个罕见的设计物品可能会花上许多钱，但是它在古董精品店的要价也许会更高。相对地，有些时候一样东西会让人觉得有些贵，但其实要价可能不高。
- **勇敢决定。** 在跳蚤市场里，每个决定都是一生一次的。如果你错过这个机会，可能就不会再看到这件物品了。所以，如果你喜欢这东西且有放置它的空间，又或者它符合你现在的设计风格，那就买下它吧。我最后悔的错过就发生在跳蚤市场。

找人安装 VS. 自己动手

在家居风格设计的过程中，你也许会受到启发，想进行重度装饰或重建。在这方面，有一些方法是人人都可以尝试的，但是也有一些是我不推荐的，除非你有足够的时间，并且愿意在成功之前尝试几次失败。下面就是快速指南：

可以自己动手

- **换盏灯或换个开关。**这是每个人都能做的——用Google搜索一下即可。

- **粉刷。**若是你愿意花时间，可以自己动手粉刷。如果墙面平整、没什么模具或天花板的话，粉刷并不需要什么特别的技巧，真的弄糟了也容易补救。请记住，粉刷一间屋子一般需要一天。

- **给家具上色或粉刷。**一切都由自己来，除非这件家具是个重要的古董或中世纪的宝物。重新给家具着色能给人带来满足感；一旦尝试几次后，你就能快速掌握其中的技巧。

- **给瓷砖上色。**你可以做此尝试。如果你只想要快速给房间改头换面的话，这样做收效甚好。在买瓷砖的时候无须想着如何给它上色。上色是用于解决"我喜欢这东西，但不喜欢它的颜色"的好办法。

必须找人安装

- **墙纸。**你没有必要为此冒险或头疼，直接请人布置即可。我知道，有些朋友会自己动手，最开始的几次尝试总是很失败。成功是很难的——有一些图样得彼此匹配，有一些缝隙需要清理。一旦失败，补救十分困难。事实上，你可能会因为自己布置墙纸而浪费更多的钱。墙纸布置所需的钱和时间分别与布置者的经验和速度有关，每间房的花费在600美元至1000美元不等，所需时间在半天到一天左右。

- **漆艺家具。**好了，漆艺家具与给家具着色十分不同。上漆时需要进行喷雾并隔绝一切尘埃（可在帐篷里或小隔间中进行）。同时，它需要很长时间才会干。请人来上漆是昂贵的（一张小边几需要花费大约100美元；更大的家具要花上300～400美元）。所以，请人来之前，确保你确实需要高端的漆艺家具。

难以定夺

- **给墙面上层脱脂涂料（或避免其他材料的使用）。**你可以自己动手，但是这一切有些费力和麻烦，需要用到许多特殊用具。这个过程中，你不但需要往墙上抹水泥，而且需要不断用砂纸磨光。虽然不那么容易，也有一些朋友第一次动手就能做得很好。雇人来上涂料比较昂贵（因为这十分费功夫）；你可以大概算算，一间房会花费大约1000美元。

- **装饰橱柜。**装饰橱柜不难，但这并不意味着一切非得自己来。你可以通过几种方式雇人来做。譬如，你可以叫一个粉刷匠来喷漆（这种方式并不持久但装饰效果好，不用花太多钱，也只需两天时间）；或叫人适当上点漆，算上晾干时间这可能需要四至五天（就厨房而言，这可能要花上1800～3000美元）。但如果你有几个空余周末的话，也可以自己动手。看看指导教程，确保你使用了正确的油漆。请记住，橱柜内部也常常需要上漆。你需要对部件进行更换（包括铰链在内），再安上新部件。通常而言，这些步骤可能

会有些恼人。

- **更换灯具。**这要根据情况而定。如果仅仅是在新房子里换上一个新灯具，那通常十分容易。看看网上的教程就行。但与此同时，我的电工也常常告诉我，老房子里的电线有时候会安装得非常奇怪，换灯具也许会很复杂。你常常可以花上 50 美元，在 TaskRabbit 平台或 Craigslist 网站上找到能帮你换灯具的人（进行简单的嵌装）。雇一位持证的电工可能有些贵，但其安装质量值得信赖。

- **挂上艺术画。**你可以自己来。但如果你有相关资源的话（也就是说有钱的话），请一个杂务工或专门悬挂艺术品的人来帮忙是非常值得的。艺术品越沉、越重要，你就越希望它不要掉下来。

- **重新装饰家具。**你可以重新对餐凳、长椅和搁脚凳的凳面进行布置。但如果你不知道如何操作也不愿意冒险，我会建议你请人来布置更为重要的东西。就墙纸来说，一旦安装坏了，你花在购买材料上的钱就都打了水漂。

- **挂窗帘。**你当然可以自己动手。但我常常雇人来挂，因为把窗帘挂得完美实在是有些困难。把窗帘挂得离地面的距离刚刚好当然不像火箭工程一样难，但需要花不少时间，也很容易搞砸。你需要把窗帘挂在杆上，把杆子举起来，做好标记，再把杆子放下来，把窗帘取下来，把杆子挂好，再重新挂上窗帘，诸如此类……

- **铺瓷砖。**你可以自己来，但我不会选择这样做。也许是因为我对精细的测量没什么耐心。铺瓷砖是复杂的工作，除非你的瓷砖花样简单、无须切割。

- **安装踢脚板。**如果你不讨厌使用锯子、喜欢度量又有两周的空余时间，那无论如何都得自己动手。我丈夫布赖恩（Brian）和他的朋友们最近正在花时间安装我们家的踢脚板。这不一定需要太高的技巧，但如果切割得不好，不但会耗费时间，还会让人觉得有些沮丧。

必读指南

灵感时刻在你身边。一旦遇到了困难，不妨休息一下。你可以选择浏览我最喜欢的博客、杂志和网站，寻找创意和灵感。

ANTHOLOGY MAGAZINE
anthologymag.com

APARTAMENTO MAGAZINE
apartamentomagazine.com

APARTMENT THERAPY
apartmenttherapy.com

COCO + KELLEY
cocokelley.com

DARLING MAGAZINE
darlingmagazine.org

THE DESIGN CONFIDENTIAL
thedesignconfidential.com

THE DESIGN FILES
thedesignfiles.net

DESIGNLOVEFEST
designlovefest.com

DESIGN MILK
design-milk.com

DESIGN*SPONGE
designsponge.com

DOMAINE HOME
domainehome.com

DOMINO
domino.com

DWELL MAGAZINE
dwell.com

ELEMENTS OF STYLE
elementsofstyleblog.com

ELLE DECOR MAGAZINE
elledecor.com

EMS DESIGNBLOG
emmas.blogg.se

HGTV MAGAZINE
hgtv.com

HOMMEMAKER
hommemaker.com

HOUSE BEAUTIFUL MAGAZINE
housebeautiful.com

THE HOUSE THAT LARS BUILT
thehousethatlarsbuilt.com

THE INTERIORS ADDICT
theinteriorsaddict.com

THE JEALOUS CURATOR
thejealouscurator.com

JUSTINA BLAKENEY
justinablakeney.com

KINFOLK MAGAZINE
kinfolk.com

LITTLE GREEN NOTEBOOK
littlegreennotebook.blogspot.com

LONNY MAGAZINE
lonny.com

MARTHA STEWART MAGAZINE
marthastewart.com

MRS. LILIEN
blog.mrslilien.com

OH JOY!
ohjoy.com

SFGIRLBYBAY
sfgirlbybay.com

TRADITIONAL HOME MAGAZINE
traditionalhome.com

VINTAGE REVIVALS
vintagerevivals.com

VOGUE LIVING AUSTRALIA
vogue.com.au

YOUNG HOUSE LOVE
younghouselove.com

如何成为一名风格设计师

现在，"风格设计师"是个很潮的词。每个人都想成为风格设计师，很多人都觉得自己是风格设计师。但很少有人可以通过风格设计谋生，因此也很难把风格设计称作自己的事业。我先前从事的是照片编辑工作，有不少建议可提供给想要从事风格设计的朋友。

1 **移居到有这样工作的城市。** 如果你确实想要从事这份工作，请搬到纽约或旧金山。当然，你不搬的话也能或多或少得到一些工作。但是，如果不生活在风格设计行业繁盛的城市，你永远无法让自己的事业达到你想要的高度。你需要向最棒的人学习，才能有相应的参照点。我不想让一切听起来有些势力。互联网给每个人打开了经营生活博客、分享照片和进行风格设计的大门，但仅仅通过博客来维持自己的事业是困难的。如果你想成为内华达州的渔夫，这当然是可以的。但是，朋友，为什么不搬到阿拉斯加呢，你可以在那里做一个富有的捕鱼人。

2 **做个自由职业者。** 如果你更倾向于把风格设计作为业余工作，那么你住在什么地方并没有太大关系。联系当地成功的房产经纪人，提出愿意免费为他们布置房间并提供照片。或者，你也可以联系有名的室内设计公司，要求为他们工作。你会得到雇用，发现自己的价值。这些照片也许不会成为杂志上的特辑。然而，为了拍照而进行插花依然非常有趣。你也能在此过程中积累自己的作品，迎来更美好的职业前景。

3 **跟随一位风格设计师学习。** 如果你决定搬去纽约或旧金山，请找到一位你喜欢的风格设计师，请求他允许你做他的追随者。在此过程中，请你充分发挥自己的作用，那样他就会雇用你或向其他人推荐你。请积极乐观，随机应变，愿意完成任何工作。你不需要每分每秒都试图向他展示自己的创造力。你需要做的只是静静观察、提供帮助、吸收建议、给出积极反馈并永远保持欣然的态度。一旦你踏进了这个行业的门槛，你就会遇见最好的摄影师、风格设计师、艺术总监和来自世界各地的编辑。我就是这样成为风格设计师的。

4 **特立独行。** 通过社交媒体证明你是个有趣的人，值得别人把任务交给你。这种方法适用于几乎所有的创造领域。你可以没有经验、学历不高、没受到什么推荐，但你依然可以因自己的社交媒体形象而接下大笔（有利可图的）有关风格设计／拍照／运营的广告生意。这是走上设计行业的"野路子"。对于很多人来说，这是他们的最好机会。我们生活在民主的社交媒体时代，许多原本默默无闻者都通过这个平台获取了成功。我欣赏这样的成功。做个有趣的人，有自己的想法，成为名副其实的自我宣传者。你也许不会被杂志社聘用，但耐克公司或塔吉特（Target）公司[1]也许会向你伸出橄榄枝。

---

① 塔吉特（Target）公司是美国最大的零售商之一，在线上线下都拥有最时尚的"高级"折扣零售店。——译者注

购物指南

无论是为了逛逛周六的跳蚤市场而在早上 5 点起床，还是在午餐间隙逛逛商店，我喜欢抓住一切机会去购物。你可以尝试我的购物平台，买到那些持久耐用的家居物品。

普通装饰

ALDER & CO
alderandcoshop.com

ANGELA ADAMS
angelaadams.com

ANTHROPOLOGIE
anthropologie.com

BLU DOT FURNITURE
bludot.com

BLUEPRINT
blueprintfurniture.com

BROOK FARM GENERAL STORE
brookfarmgeneralstore.com

CANOE
canoeonline.net

CB2
cb2.com

CRATE AND BARREL
crateandbarrel.com

DERING HALL
deringhall.com

EMPIRIC
empiricstudio.com

HD BUTTERCUP
hdbuttercup.com

HEMINGWAY AND PICKETT
hemingwayandpickett.com

HOUSE & HOLD
houseandhold.com

IKEA
ikea.com

JONATHAN ADLER
jonathanadler.com

THE LAND OF NOD
landofnod.com

LAWSON-FENNING
lawsonfenning.com

LULU & GEORGIA
luluandgeorgia.com

NICKEY KEHOE
nickeykehoe.com

ORGANIC MODERNISM
organicmodernism.com

POKETO
poketo.com

POTTERY BARN
potterybarn.com

ROOM & BOARD
roomandboard.com

SERENA & LILY
serenaandlily.com

TARGET
target.com

WEST ELM
westelm.com

WHITE ON WHITE
whiteonwhite.com

WISTERIA
wisteria.com

YOLK
shopyolk.com

灯具

ALL MODERN
allmodern.com

APPARATUS STUDIO
apparatusstudio.com

BRENDAN RAVENHILL
brendanravenhill.com

CIRCA LIGHTING
circalighting.com

DELIGHTFULL
delightfull.eu

LAMPS.COM
lamps.com

LAMPS PLUS
lampsplus.com

ONE FORTY THREE
shop.onefortythree.com

REJUVENATION
rejuvenation.com

SCHOOLHOUSE ELECTRIC
schoolhouseelectric.com

VISUAL COMFORT
visualcomfortlightinglights.com

地毯

DASH & ALBERT
dashandalbert.annieselke.com

DWELL STUDIO
dwellstudio.com

HD BUTTERCUP
hdbuttercup.com

JONATHAN ADLER
jonathanadler.com

LOLOI
loloirugs.com

MADELINE WEINRIB
madelineweinrib.com

PLUSH RUGS
plushrugs.com

THE RUG COMPANY
therugcompany.com/us

RUGS DIRECT
rugs-direct.com

RUGS USA
rugsusa.com

艺术画作

20 X 200
20x200.com

ANIMAL PRINT SHOP
theanimalprintshop.com

ART.COM
art.com

ARTFULLY WALLS
artfullywalls.com

BECKY COMBER
beckycomber.com

CASTLE & THINGS
castleandthings.com.au

DEBBIE CARLOS
debbiecarlos.com

ESCUELA DE CEBRAS
sindromedediogenes.
squarespace.com

ETSY
www.etsy.com

HALEY ANN ROBINSON
haleyannrobinson.com

THE JEALOUS CURATOR
thejealouscurator.com

LIESL PFEFFER
lieslpfeffer.com

LITTLE PAPER PLANES
littlepaperplanes.com

MAMMOTH & CO
mammoth.co

MARCUS WALTERS
marcuswalters.com

MICHELLE ARMAS
michellearmas.com

THE POST FAMILY
thepostfamily.com

PURE PHOTO
purephoto.com

SAATCHI
saatchiart.com

SOCIETY 6
society6.com

THE TAPPAN COLLECTIVE
thetappancollective.com

TELLES FINE ART
tellesfineart.com

墙纸

5QM
5qm.de

ABIGAIL EDWARDS
WALLPAPER
shop.abigailedwards.com

ASTEK WALLCOVERINGS
astekwallcovering.com

CAVERN
cavernhome.com

FARROW & BALL
us.farrow-ball.com

FERM LIVING
fermliving.com

HYGGE & WEST
hyggeandwest.com

JULIA ROTHMAN
juliarothman.com

KREMELIFE
kremelife.com

MIMOU
mimou.se

MINAKANI
minakanilab.com

MISSPRINT
missprint.co.uk

OSBORNE & LITTLE
osborneandlittle.com

WALL & DECO
wallanddeco.com

WALNUT
walnutwallpaper.com

桌面装饰

DESIGN WITHIN REACH
dwr.com

ELEPHANT CERAMICS
elephantceramics.com

FISH'S EDDY
fishseddy.com

HEATH CERAMICS
heathceramics.com

JOHN DERIAN
johnderian.com

KATE SPADE SATURDAY
saturday.com

KAUFMANN MERCANTILE
kaufmann-mercantile.com

LEIF
leifshop.com

MARK & GRAHAM
markandgraham.com

MUHS HOME
muhshome.com

THE NEW STONE AGE
newstoneagela.com

OK
okthestore.com

PLASTICA
plasticashop.com

TABLE ART
tableartonline.com

UP IN THE AIR SOMEWHERE
etsy.com/shop/upinthe
airsomewhere

ZARA HOME
zarahome.com

ZINC DETAILS
zincdetails.com

床上用品和亚麻制品

CAITLIN WILSON
caitlinwilsontextiles.com

DWELL STUDIO
dwellstudio.com

GARNET HILL
garnethill.com

HAPPY HABITAT
happyhabitat.net

THE LAND OF NOD
landofnod.com

MANOR
manorfinewares.com

PROUD MARY
proudmary.org

ZARA HOME
zarahome.com

致谢

写这本书的过程给了我一种组建一个家庭的感觉。我知道自己会在未来某一天写好这本书，却把这个写作计划一再往后推。没有想到的是，在我怀孕七个月的时候，我终于决定开始写作。我知道你们会觉得奇怪，谁能一边照顾小孩一边如期完成一个个工作任务呢？我自然也不是个十足的傻瓜，我在自己认识的人中邀请了最具才能的人，帮助我将这本书写到最好。

我要感谢安杰林·博尔希奇。她是我在 Potter Style 出版社的原编辑。我们之间从一开始就很合拍，有深厚的姐妹情。因此，当她离开 Potter Style 出版社，我便请她帮我一起写这本书，并做这本书的顾问。谢谢你，安杰林！谢谢你的智慧、坚持、谦和，谢谢你丰富的设计知识。我在此郑重向你表示感谢。你让我获益良多，这份感谢再怎么表达都不为过。

我也要感谢大卫·蔡（David Tsay），他是这本书的主要摄影师。我与大卫已经一起工作了八年之久。他是洛杉矶最棒的室内摄影师。在我答应写这本书时，我非常清楚自己会邀请谁来进行摄影。非常谢谢你，大卫！与你合作的感觉十分美好，你从来不会因为我想尝试一个新的角度而生气。你总是很准时。你还接受了我喜欢动态图片的嗜好。最重要的是，你每一天都在为我提供一流到可上封面的照片。

我还要感谢斯科特·霍恩（Scott Horne），此书的主要风格设计师之一。作为一名风格设计师，我可以布置出整本书中的照片。但是，我知道在为期六周的拍摄中，一些照片需要其他风格设计师的审视。斯科特不仅工作非常努力，品位也无可挑剔、充满个性，给我提供了绝佳的后援。同时，斯科特也是我最喜欢的合作伙伴之一。

当阿莉扎·福格尔森（Aliza Fogelson）将这本书的写作任务交给我时，我在心中猜想："她是否知道我的设计风格，明白我的幽默和笑话？这些幽默和笑话有时并不十分有趣，但我会坚持使用。"事实证明，她非常了解这一切，也很重视这本书。我能遇到她实在是幸运之至。她鞭策我、鼓励我、引导我，让我打起精神，保证整本书按时完成。她知道何时应细致，何时要有说服力，总是给我温暖的感觉。谢谢你，阿莉扎！

也谢谢所有为此书付出过努力的人。在他们的帮助下，这本书比我想象得更加美好。我要特别感谢 Potter Style 出版社的工作人员，包括负责书籍设计的拉·特里西娅·沃特福德（La Tricia Watford），本书的制作编辑艾米·布尔斯坦（Amy Boorstein）以及我超棒的经纪人玛格丽特·金（Margaret King）。谢谢你们为这本书付出的努力，谢谢你们带我见识了最好的出版商。你们实在太棒了。

有两个为我工作的朋友：吉妮·麦克唐纳（Ginny Macdonald）和布雷迪·托尔伯特（Brady Tolbert），也许他们是世界上最伟大的。当我们在拍摄照片时，他们在应付紧急事件、打理工作室、经营博客和生意。他们总是保持微笑，拥有乐观的态度。我欣赏他们每天所做的工作。

最后，我要感谢我的丈夫布赖恩和我的儿子查理（Charlie）。在白天拍摄、晚上写作的日子里，布赖恩给了我来自丈夫的最好支持。他更是查理最好的父亲。我和布赖恩在一起已经有 15 个年头了。我知道自己可以在短期内忽略对他的照顾，而不用担心这会对我和他的关系有什么影响。但是，今年是查理降生的第一年，我希望他是最快乐的。于是，布赖恩接下了照顾孩子的工作，既竭尽全力扮演好父亲的角色，又给我极大的精神支持。同时，查理对我们来说就像"下午三点钟的咖啡"。当我们精疲力竭、想要抱怨的时候，看到突然出现的查理便会忍不住笑了。

本中文简体版版权归属于银杏树下（北京）图书有限责任公司。

版权登记号：图字 01-2018-4330

图书在版编目（CIP）数据

家的风格：如何让你的家比样板间更有格调 /（美）
埃米莉·亨德森，（美）安杰林·博尔希奇著，（美）大卫·
蔡摄影；沈慧芝译 . ——北京：中国华侨出版社，
2018.8

ISBN 978-7-5113-7716-6

Ⅰ . ①家… Ⅱ . ①埃… ②安… ③大… ④沈… Ⅲ .
①住宅－室内装饰设计 Ⅳ . ① TU241.02

中国版本图书馆 CIP 数据核字 (2018) 第 105768 号

家的风格：如何让你的家比样板间更有格调

著　　者：[美]埃米莉·亨德森　安杰林·博尔希奇	摄　　影：[美]大卫·蔡
译　　者：沈慧芝	出版人：刘凤珍
责任编辑：笑　年	特约编辑：俞凌波
筹划出版：银杏树下	出版统筹：吴兴元
营销推广：ONEBOOK	装帧制造：墨白空间·张莹
经　　销：新华书店	

开　　本：720mm×1000mm　　1/12　　印　张：25　　字　数：256 千字

印　　刷：北京盛通印刷股份有限公司

版　　次：2018 年 8 月第 1 版　　2018 年 8 月第 1 次印刷

书　　号：ISBN 978-7-5113-7716-6　　定　　价：128.00 元

中国华侨出版社　北京市朝阳区静安里 26 号通成达大厦 3 层　邮编：100028

法律顾问：陈鹰律师事务所

发 行 部：（010）64013086　　传　真：（010）64018116

网　　址：www.oveaschin.com　　E-mail：oveaschin@sina.com

后浪出版咨询（北京）有限责任公司 常年法律顾问：北京大成律师事务所　周天晖 copyright@hinabook.com

未经许可，不得以任何方式复制或抄袭本书部分或全部内容

版权所有，侵权必究

如有质量问题，请寄回印厂调换。联系电话：010-64010019